U0252646

电子信息前沿技术丛书

面向社区文本的软件知识图谱构建及应用

唐明靖 杨 芳 夏跃龙 著

清华大学出版社

北京

内 容 简 介

本书主要介绍软件知识图谱构建及应用研究领域中的关键技术和研究成果。针对软件知识实体抽取任务存在的实体歧义、实体变体、无法识别未登录词等问题，提出一种基于多特征融合和语义增强的软件知识实体抽取方法。针对软件知识实体语义特征弱、实体语义关系模糊和句法依存关系特征建模存在的欠剪枝或过剪枝问题，提出一种基于句法依赖度和实体感知的软件知识实体关系抽取方法。针对传统流水线方法存在的任务依赖问题和软件知识社区文本存在的实体重叠问题，提出一种基于 span 级对比表示学习的软件知识实体和关系联合抽取方法。针对基于社区的软件专家推荐存在的标签依赖、交互数据稀疏和隐含知识关联信息缺失等问题，提出一种基于知识图谱和领域知识偏好感知的软件专家推荐方法。

本书可为读者进行系统学习和深入研究提供参考，可作为高等院校计算机、人工智能等专业本科生和研究生的选修教材或参考书。互联网技术研究与开发人员也可通过本书进一步了解知识图谱技术。

图书在版编目（CIP）数据

面向社区文本的软件知识图谱构建及应用/唐明靖，杨芳，夏跃龙著. -- 北京：清华大学出版社，2025.1. --（电子信息前沿技术丛书）. -- ISBN 978-7-302-68098-7

Ⅰ. TP391

中国国家版本馆 CIP 数据核字第 2025YG8853 号

责任编辑：文 怡
封面设计：王昭红
责任校对：王勤勤
责任印制：刘 菲

出版发行：清华大学出版社
   网　　址：https://www.tup.com.cn，https://www.wqxuetang.com
   地　　址：北京清华大学学研大厦 A 座　　　**邮　　编**：100084
   社 总 机：010-83470000　　　　　　　　　**邮　　购**：010-62786544
   投稿与读者服务：010-62776969，c-service@tup.tsinghua.edu.cn
   质量反馈：010-62772015，zhiliang@tup.tsinghua.edu.cn
   课件下载：https://www.tup.com.cn，010-83470236
印 装 者：涿州汇美亿浓印刷有限公司
经　　销：全国新华书店
开　　本：170mm×230mm　　**印　张**：9.5　　　　　　**字　　数**：182 千字
版　　次：2025 年 1 月第 1 版　　　　　　　　　　　　　**印　　次**：2025 年 1 月第 1 次印刷
印　　数：1～1500
定　　价：59.00 元

产品编号：105274-01

前言

PREFACE

在我国经济从高速增长向高质量发展的重要过程中,以人工智能为代表的新一代信息技术,成为推动经济高质量发展、建设创新型国家,实现新型工业化、信息化、城镇化和农业现代化的重要技术保障和核心驱动力之一。知识图谱以结构化的形式描述客观世界中概念、实体及其关系,将互联网的信息表达成更接近人类认知世界的形式,提供了一种更好地组织、管理和理解互联网海量信息的能力,成为人工智能发展的核心驱动力,推动着公共安全、金融科技、教育司法、交通制造等领域智能应用的发展。

与通用领域和成熟行业相比较,面向社区文本的软件工程领域知识图谱构建及应用研究还处于起步阶段,缺乏统一、完备的解决方案。软件知识社区文本是非结构化的用户生成内容,不仅具有内容重复、结构松散、拼写不规范等社会化特征,还具有命名不统一、术语繁杂和语义特征弱等软件领域特征,导致面向社区文本的软件知识图谱构建及应用还存在如下亟待解决的问题。

在软件知识实体抽取方面,软件知识社区文本存在命名不统一、拼写不规范、实体名称为常用词或少见词等情况,导致软件知识实体抽取面临实体歧义、实体变体、无法识别未登录词等问题。现有的方法缺乏对这些问题的关注和研究,软件知识实体抽取的质量难以达到预期效果,亟须完善模型和方法,以适应软件知识社区文本的社会化和专业领域特征。

在软件知识实体关系抽取方面,受软件知识社区文本特征的影响,软件知识实体关系抽取存在实体语义特征弱、实体语义关系模糊的问题;同时,基于依存关系特征进行关系抽取存在欠剪枝或过剪枝的问题,导致软件知识实体关系抽取的准确率不高,从而影响软件知识图谱构建的质量。

在面向社区的软件专家推荐方面,当前的软件专家推荐方法存在标签依赖和交互数据稀疏的问题。同时,缺乏知识图谱的辅助和支持,无法捕获问题文本和专家领域知识偏好之间的隐含知识关联信息,从而影响软件专家推荐的效果。

因此,从海量软件知识社区文本中自动、高效地抽取软件知识,形成软件知识图谱,并结合软件领域的业务问题进行软件知识应用,有助于智能问答、自动文档生成、软件专家推荐等以软件知识为中心的智能化应用,对提升软件开发效率和软件生产质量具有重要作用。

作者所在团队一直从事知识图谱和软件知识挖掘方面的研究,有一定的研究积累。我们撰写此书,希望将团队近几年的研究成果呈现出来,为需要了解和深入研究这一领域的学者提供有价值的参考资料。

本书以软件知识抽取及应用为中心,围绕面向社区文本的软件知识图谱构建及应用的核心问题展开,针对一类问题给出解决的方法,这些方法对于解决知识图谱构建及应用存在的问题具有一定的借鉴作用,同时也希望此书能为正在进行软件知识图谱研究的科技人员带来更有效的启发。

本书由唐明靖教授负责撰写,课题组的杨芳老师、夏跃龙老师参与了本书的校对和素材准备工作。本书的写作得到了云南师范大学民族教育信息化教育部重点实验室及业内同行的大力支持和帮助,在此深表感谢。

科技在高速发展和进步,本书受限于作者的水平,难免有不足之处,敬请广大读者不吝批评和指正,这将促使我们不断进步和提高。

唐明靖

2024 年 11 月

目录

CONTENTS

第1章

软件知识图谱概述

1.1 引言

近年来,以 Github①、StackOverflow② 为代表的协同开发社区和软件知识社区快速发展,正逐渐改变软件生产过程中软件复用、协同开发、知识管理的模式,软件开发进入以开放化、网络化和大众化为主要特征的大数据时代[1]。据统计,孕育了Rails③、TensorFlow④ 和 Python⑤ 等优秀项目的协同开发社区 Github 拥有 2500 万余名开发人员和贡献者,托管了 6100 万余个软件版本库。以高质量的答案、众多软件领域专家的参与和快速的响应时间而著称的软件知识社区 StackOverflow,通过软件知识问答的方式帮助软件开发人员快速获取相关软件知识和解决软件开发问题,进而提升个人能力和软件开发效率。在全球软件开发人员的参与下,软件知识社区产生了海量的社区文本,这些社区文本蕴藏着有关软件开发活动、软件开发技术、软件开发工具、软件项目管理等丰富的软件领域知识。

如图 1-1 所示,软件知识社区 StackOverflow 的社区文本主要包括软件知识问答文本和标签百科(tagWiki)文本两种类型。软件知识问答文本由广大软件开发人员参与生成,主要包括软件知识相关的问题、答案、评论、标签等内容,是对软件

① www. github. com.
② www. stackoverflow. com.
③ www. rubyonrails. org.
④ www. tensorflow. google. cn.
⑤ www. python. org.

开发人员的开发经验和知识的描述。例如，对于软件开发问题"How to add a border for a frame in Python Tkinter?"，软件知识问答文本详细记录了该问题标题、问题描述、问题标签、问题答案及答案的提供者等信息。tagWiki 文本描述了软件知识社区 StackOverflow 中各类标签的基本信息、关联的问答信息及其相关资源，是对相关软件知识的梳理和组织，具有良好的可信度和完整性。例如，对于标签"PostgreSQL"，tagWiki 文本详细记录了 PostgreSQL 的基本信息、功能特征、涉及的问答信息及相关的资源。

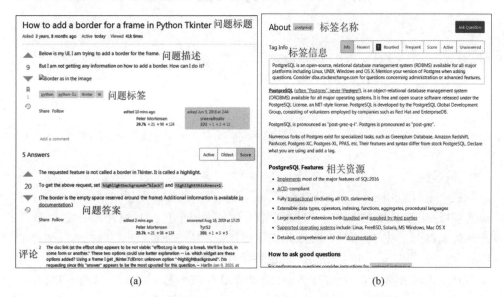

图 1-1　StackOverflow 社区文本示例

由此可见，大众参与生成的软件知识社区文本数据不仅规模庞大、内容丰富，而且具有更好的开放性和易获得性，所蕴含的软件知识也更具有时效性、针对性和应用价值，是对传统软件文档的重要补充和扩展。如何充分挖掘和利用软件知识社区文本所蕴含的软件知识，对软件文档生成、应用程序编程接口（API）推荐和软件缺陷预测等软件工程领域的智能化应用具有重要意义。

因此，研究人员以软件知识社区为研究对象，利用自然语言处理、文本挖掘和机器学习等技术，挖掘社区文本所蕴含的软件工程领域知识，以提高软件生产的质量和效率，逐渐成为大数据软件工程的研究热点[2]。这类研究工作常以统计分析为主要方法和手段，利用传统数据挖掘技术对软件知识社区文本进行结构化关系挖掘，以解决答案预测[3]、API 文档生成[4]、软件缺陷预测[5]和软件专家识别[6]等智能软件工程领域的热点问题，取得了一系列研究成果。但是，这些方法缺乏从语义关联的角度对软件知识的获取、表示、组织和应用进行深入研究,无法识别和发现潜在的软件知识关联信息,不能满足软件开发人员高效、便捷获取软件知识的需求。

知识图谱(Knowledge Graph,KG)以图结构的方式对概念、实体及其语义关系进行表示,提供了一种更符合人类认知的方式来组织、管理和利用互联网信息[7],在数据分析、智慧搜索、智能推荐、人机交互和决策支持等应用场景中得到快速发展[8],已经成为引领智能应用发展的关键基础。因此,在当前大数据时代背景下,如何从异质性、多样性、碎片化的海量互联网数据中提取有效的软件知识,并以高效、快捷的图谱形式构建智能化的知识互联和知识服务,逐渐成为智能软件工程领域迫切需要解决的问题。

1.2　软件知识图谱

1.2.1　概念定义

参考学术界和工业界[8-10]对知识图谱的阐述,本书将软件知识图谱(Software Knowledge Graph,SWKG)的相关概念定义如下:

定义 1.1　软件知识实体。 软件知识实体是软件知识图谱最基本的组成元素,表征软件工程领域可以被唯一标识、与软件知识相关的实体,可以形式化表示为 $E=(e_1,e_2,\cdots,e_{|E|})$,其中,$e_i$ 为软件知识实体实例,E 为软件知识实体集。

例如,"Python""ActionScript""MySQL"等软件知识实体在软件工程领域表示具体存在的事务。

定义 1.2　软件知识实体关系。 软件知识实体关系表征软件知识图谱中实体间的语义关系,可以形式化表示为 $R=(r_1,r_2,\cdots,r_{|R|})$,其中 r_i 为软件知识实体关系实例,以三元组的形式表示为 $r_i=\{(e_i,r,e_j)|e_i,e_j\in E,r\in\varepsilon\}$,其中,$e_i$ 为头实体,e_j 为尾实体,r 为关系类型,ε 为预定义的关系类型集。

例如,关系三元组实例〈macOS 10.9,兄弟,iOS 7〉在软件知识图谱中,描述一个软件知识事实,表示头实体"macOS 10.9"通过"兄弟"边链接到尾实体"iOS 7"。

定义 1.3　软件知识图谱。 软件知识图谱是由大量软件工程知识实体关系三元组构成的知识图谱,可以形式化表示为 $G=(E,R)$,其中,E 为知识图谱的实体集(节点集),R 为知识图谱的关系集(节点间边的集合)。

1.2.2　背景及意义

知识图谱技术在开放领域取得成功应用后,与特定领域数据和业务深度融合的领域知识图谱成为研究热点,在金融、科学、教育、医疗和社交等领域涌现出一批典型的应用。软件知识社区的高质量用户生成内容使得大规模软件知识抽取和应用成为可能,为软件知识图谱构建及应用提供了数据基础;但是,相较于其他领域,当前软件知识图谱的构建及应用研究还处于起步和发展阶段,在技术体系、模型算法和应用效果等方面需要进一步深入研究。

从软件知识库构建层面来看,研究人员利用开放资源库和软件知识社区数据进行软件知识的语义建模研究,利用机器学习方法抽取软件工程领域概念、概念间的语义关系,形成软件工程领域知识库[11,12],为软件知识图谱构建奠定了基础。但这些研究工作大多关注软件工程领域概念之间的简单语义关系,缺乏从软件知识图谱应用的角度考虑软件知识实体的复杂语义关系。

从软件知识抽取的方法来看,研究人员以软件知识社区文本为研究对象,利用基于人工特征提取、领域字典、模板匹配等方法,开展软件知识实体抽取[13]和软件知识实体关系抽取[14]任务,属于该领域的代表性工作。但是,这类研究工作对繁杂的人工特征工程和高质量标注数据集较为依赖,无法满足大规模、自动化的软件知识抽取需求;同时,从软件工程领域业务的角度出发探索软件知识应用也较为缺乏。

从社区文本的特征来看,软件知识社区文本是非结构化的用户生成内容,具有显著的社会化和专业领域特征[15]。社会化特征是指大众参与生成软件知识社区文本带来的问题,主要包括内容重复、结构松散、拼写不规范等问题。例如,用户将专业名词"JavaScript"缩写为"JS"或错误拼写为"javascripte",会导致实体变体问题,给软件知识实体抽取带来挑战。专业领域特征是指软件工程领域特点带来的问题,主要包括命名不统一、术语繁杂和语义特征弱等问题。例如,通用领域的人物、组织、地点等实体具有较强的语义特征,但软件工程领域的术语和特定的代码通常不具备语义特征,导致实体语义关系模糊的问题。

因此,基于以上问题分析可知,虽然软件知识社区的海量用户生成内容使得软件知识图谱构建成为可能,但是传统的信息抽取方法将软件知识社区文本视为普通文本,未充分考虑软件知识社区文本的社会化和专业领域特征带来的问题和挑战,导致基于社区文本的软件知识抽取尚未得到很好的解决,严重影响了软件知识图谱构建及应用服务的质量。

基于上述研究背景分析,本书以软件知识社区文本为研究对象,对软件知识抽取及应用展开研究,具有理论和实际应用两方面重要意义。

从理论层面来看,软件知识社区文本不仅具有内容重复、结构松散、拼写不规范等社会化特征,还具有命名不统一、术语繁杂和语义特征弱等软件领域特征,这些特征使得基于社区文本的软件知识实体及语义关系抽取面临重要挑战。因此,结合上述问题,从模型设计、算法性能等方面入手解决软件知识实体及关系抽取存在的关键问题,提升软件知识图谱构建的效率和质量,既是知识图谱研究领域的拓展,也是智能软件工程领域的延伸,具有重要理论意义。

从实际应用层面来看,本书利用软件知识社区文本作为数据来源,自动、高效地抽取软件知识,形成软件领域知识图谱;并结合软件工程领域的业务问题开展软件知识应用研究,能有效推进以软件知识为中心的智能问答、自动文档生成、软件专家推荐等智能应用的发展,对提升软件开发效率和软件生产质量具有重要实际应用意义。

1.3 相关研究动态

本书利用知识图谱技术和深度学习技术对软件知识社区文本进行挖掘,实现基于社区文本的软件知识抽取和应用,涉及实体关系抽取、知识图谱、软件知识表示与建模和面向社区的软件专家推荐等研究领域。现将这些领域的研究动态梳理如下。

1.3.1 实体和关系抽取

1. 实体抽取

实体抽取任务的目标是从文本数据中自动地识别特定的名词性指称项,并按预定义的语义类型进行分类,是文本摘要、情感分析、机器翻译和知识图谱构建等任务的重要前提基础[8],一直备受学术界、工业界的关注。当前,实体抽取方法主要分为基于规则的方法、基于机器学习的方法和基于深度学习的方法3类[16]。

基于规则的实体抽取方法依赖人工根据特定领域词典和语法词汇制定的规则。Kim等[17]利用Brill规则推理的方法提出一种基于规则的实体抽取方法进行语音输入。针对维吾尔文地名识别任务,买买提等[18]引入音节、词向量获取的相似词、常用地名词典、地名特征词、地名词缀等特征,提出一种基于条件随机场和规则的维吾尔文地名抽取方法,提高了地名识别的性能。Hanisch等[19]利用预处理的同义词词典来识别生物医学文本中的蛋白质实体,并将检测到的匹配项与蛋白质和基因数据库标识符相关联,在BioCreative竞赛的测试案例中取得了较好的效果。早期基于规则的实体抽取方法需要耗费大量的人工操作构建规则表示和特定领域词典进行实体抽取,该类方法通常具有较高的准确率、较低的召回率和较差的领域迁移性能。

针对这些问题,研究人员利用机器学习算法将实体抽取任务建模为实体分类任务,通过无监督学习方法或有监督学习方法摆脱了额外语言知识的依赖,具有较强的适应性和较好的性能。在无监督学习方法方面,Zhang 和 Elhadad[20] 提出一种无监督学习方法从生物医学文本中抽取命名实体,在不依赖人工制定的规则、启发式或注释数据的情况下,解决实体边界检测和实体类型分类存在的问题。Etzioni 等[21] 提出一种无监督、领域独立和可扩展的实体抽取系统 KnowItAll,从网络中自动抽取事实。该系统在没有任何手工标记的数据集进行实验,兼顾了精确率、召回率和抽取率。

在有监督学习的方法中,带标签的数据和精心设计的特征工程是模型获得效果的关键基础。Mansouri 等[22] 利用支持向量机和模糊隶属度函数,提出一种 One-Against-All 的多分类方法来解决支持向量机方法中的传统二分类问题。针对推文信息不足和训练数据缺乏的问题,Liu 等[23] 提出一种结合 k-近邻分类器和线性条件随机场的半监督学习框架,实现推文的实体抽取任务。该方法利用基于 k-近邻的分类器预标记全局推文粗粒度信息,并利用条件随机场模型进行序列标记以捕获推文中的编码的细粒度信息。与前述工作类似,Seker 等[24] 提出一种基于条件随机场的实体抽取方法,该方法对土耳其语的用户生成内容进行形态学特征建模,获得了较好的性能。针对特定领域字典覆盖范围有限的问题,Liu 等[25] 利用基于标题词的字典扩展、span 级神经模型和动态规划推理,提出一种基于远程监督的特定领域实体抽取方法,并在三个标准数据集中取得最优效果。

相比较而言,无监督学习方法不依赖有标签的样本数据,而有监督学习方法依赖特征工程和有标签的样本数据,特征提取的质量和有标签样本的数据量限制了模型算法的泛化能力。

由于具有非线性转换、自动特征表示和端到端的模型训练方法等特性,基于深度学习的方法摆脱了对特征工程的依赖,逐渐成为实体抽取任务的主流方法,并在通用领域[26-29] 取得成功后,被广泛应用于社交媒体[30,31]、生物医药[32,33] 和网络安全[34,35] 等领域。

在通用领域方面,针对实体抽取任务训练数据集少、严重依赖手工特征和模型泛化性能差的问题,Lample 等[26] 提出一种基于双向长短时记忆网络(Bidirectional LSTM,BiLSTM)和条件随机场(Conditional Random Field,CRF)的方法,在词向量表示的基础上融入了字符表示的特征,提升了模型的性能。Ma 和 Hovy[27] 将实体抽取建模为序列标注任务,结合 BiLSTM、卷积神经网络(Convolutional Neural Network,CNN)和 CRF 模型,提出一种端到端的序列标注神经网络架构,该方法在不依赖特定任务的资源、特征工程和数据预处理的情况下取得了较好的性能。针对中文实体抽取存在的分词错误问题,Zhang 等[28] 提出一种 Lattice LSTM 模型对字符和分词匹配获取的所有词进行编码,不仅考虑了字符信息,还充分利用了词和词序信息,取得了较好的模型性能。针对模型无法充分利用未来和过去语境间的相互作用,Tang 等[29]提出一种词-字符图卷积网络(WC-GCN),利用跨图卷积神经网络(Graph Convolutional Network,GCN)块同时处理两个方向的词-字符有向无环图;同时,引入全局注意力 GCN 块来学习基于全局上下文的节点表示,提升了对长距离依赖关系的捕获能力,在不需要额外语料库训练的情况下优于以往基于 LSTM 的模型。

在特定受限领域,针对社交媒体数据存在的语法结构不正确、拼写不一致和缩写不规范等问题,Aguilar 等[30]提出一种多任务实体抽取方法,该方法将命名实体识别分割作为次要任务,细粒度实体分类作为主要任务,从单词和字符序列以及词性标签和词典中学习高阶特征表示。针对生物医药领域存在的一词多义、特殊字符和低频实体等问题,Liu 等[32]提出一种混合深度学习方法,提升了生物医药实体抽取的精度,该方法利用预训练语言模型 BERT(Bidirectional Encoder Representation from Transformers)抽取文本的底层特征,通过 BiLSTM 模型学习文本的上下文表示,并利用多头注意力机制获取篇章级特征。为提升化学/药物的实体抽取性能,Akkasi 和 Varoglu[33]提出一种基于社区的决策系统,该系统采用粒子群优化算法和贝叶斯组合方法作为专家选择策略,对所选分类器的输出进行合并,并对所选分类器的适应度进行评估。针对网络安全领域标注数据稀缺的问题,Li 等[34]提出一种对抗性主动学习框架从网络威胁情报文本中抽取威胁实体,该框架利用对抗性主动学习框架选择信息样本进行进一步标注,并通过 BiLSTM 和动态注意力机制构建了一个实体抽取模型,缓解了模型对标注数据的依赖。针对网络安全文本中复杂术语的边界不敏感问题,Wang 和 Liu[35]提出一种特征集成和实体边界检测模型,从非结构化和多源异构的网络威胁情报文本中抽取网络安全实体,该模型使用一种新的预训练语言模型 PERT(Pre-Training BERT with Permuted Language Model)获取网络文本的词嵌入表示,设计了一种新的神经单元以融合从图神经网络和递归神经网络中获取的不同特征表示,并提供了一个实体边界检测模块对头尾实体进行预测。

2. 关系抽取

关系抽取任务是在实体识别的基础上,根据预定义的语义关系类型,从文本中自动抽取实体对的语义关系,从而获得关系三元组实例,属于知识图谱构建的关键环节[36]。因此,关系抽取任务可以分为命名实体识别、触发词识别和关系抽取三个子任务[37],其中,实体识别和触发词识别属于关系抽取的前置子任务。关系抽取任务伴随着实体抽取任务的发展,经历了从依赖人工特征提取到自动特征表示学习的发展过程[38]。

早期的关系抽取方法通常依赖额外的领域知识和人工特征抽取,其性能取决于规则或词典的质量和规模,具有领域迁移性能差和召回率较低的特点。针对关系抽取任务需要大量领域特定知识的问题,Califf 和 Mooney[39] 提出一种利用成对样本文档和填充模板归纳出模式匹配规则的方法,用于仅给定文本数据库和填充模板的信息抽取任务。针对中文关系抽取存在准确率和召回率低的问题,邓擘等[40] 提出一种融合词汇、语义匹配的模式匹配方法,在汉语实体关系抽取任务中取得了较好的性能。Aone 和 Santacruz[41] 提出一种大规模、端到端的关系和事件抽取系统 REES(Large-Scale Relation and Event Extraction System)。该系统由标注组件、共指解析模块、模板生成模块三个组件构成,在包含 39 种关系类型的测试数据实验中取得了较好的性能。但是,随着数据规模的不断增大,规则变得越来越复杂,词典的质量和规模也要求更高,此类方法越来越不可行。

基于机器学习的方法通过特征工程和数据标注获得了较好的性能,有效缓解了对语言学和领域知识的依赖问题,具有较强的领域迁移能力。基于机器学习的方法主要分为无监督方法、半监督方法和有监督方法三大类。基于无监督的方法在缺少预定义关系类型和有标签样本数据的情况下,通过聚类算法将语义相似的实体进行分类,进而实现实体语义关系的自动抽取。Mintz 等[42] 提出一种不需要标注语料库的训练模式,避免对人工标注语料库的依赖,该方法利用大型语义数据库 Freebase 提供远程监督,对于出现在 Freebase 关系中的每一对实体,在一个大型的无标注的语料库中找到包含这些实体的所有句子,并提取文本特征来训练关系分类器。在中文实体关系抽取方面,秦兵等[43] 提出一种面向大规模网络文本的无指导开放式中文实体关系抽取方法,该方法首先使用实体之间的距离限制和关系指示词的位置限制获取候选关系三元组,然后采用全局排序和类型排序的方法挖掘关系指示词,最后利用关系指示词和句式规则对关系三元组进行过滤,在抽取大量关系三元组的同时,获得了较好的微观评价准确率。

基于半监督的方法能在标签数据受限的情况下,实现实体的语义关系抽取,并获得较好的性能。针对之前的模型普遍认为实体对间只存在一种关系的问题,Hoffmann 等[44] 提出一种具有重叠关系的多实例学习的方法,该方法将句子级抽取模型与用于聚合单个事实的简单语料级组件相结合,融合了句子级特征和语料级特征,并利用 Freebase 的弱监督,获得了较高的预测准确率。

有监督的方法将实体关系抽取视为分类问题,通过人工标注样本数据训练分类器对实体对的语义关系进行预测,从而实现关系抽取[45]。由于无须人工特征提取并能改善特征提取的错误传播问题,基于深度学习的关系抽取方法得到了普遍关注。Zeng 等[46] 利用卷积神经网络对词汇级和句子级特征进行编码,形成句子序列的向量表示,并通过隐状态层和 Softmax 层对实体关系进行分类,取得了较好的效果。Xu 等[47] 在多特征提取的基础上,利用 LSTM 网络和 Softmax 层进行关系分类。Zhang 等[48]针对传统神经网络处理句法依存树存在的问题,引入图卷积神经网络建模句子序列的句法依存关系,提出一种基于路径的剪枝策略以缓解数据噪声问题,在关系抽取任务开放数据集 SemEval 2010Task8 和 TACRED 上取得了较好的性能。

除了以上通用领域,Zhao 等[49]利用图卷积神经网络和多头注意力机制,抽取药物-基因-突变的 n 元关系,在生物医药领域取得了较好的性能。

3. 实体和关系联合抽取

上述基于流水线式的信息抽取方法将实体抽取和关系抽取建模为两个彼此独立的任务,模型实现较为简单和灵活,但忽略了两个任务的彼此交互和关联,存在错误传播、实体冗余等特有的问题,造成模型的错误率提升,影响任务的整体效果[36]。

不同于基于流水线式的信息抽取方法,实体和关系联合抽取方法将实体抽取任务和关系分类任务建模为一个任务,通过联合损失函数的构建对两个任务进行共同训练,增强相互之间的信息共享和关联,同时抽取实体并对实体间关系进行分类,取得了较好的性能[37,38]。

早期的实体和关系联合抽取方法[50,51]大多是基于人工特征提取的结构化模型,需要利用自然语言处理手段进行复杂的特征工程,未能较好解决错误传播问题。为了解决任务过程中繁杂的人工特征提取,研究人员[52,54]利用具有不同网络特性的神经网络构建特征编码器和特征共享层,实现特征自动提取和模型参数共享,以提升实体和关系联合抽取的性能。例如,Miwa 等[52]提出一种端到端的神经网络模型实现实体和关系的联合抽取。该模型通过在双向序列 LSTM-RRN 上堆叠双向树形结构 LSTM-RNN 来捕获单词序列和依赖树子结构信息,从而实现在单个模型中用共享参赛联合表示实体和关系。在不需要任何手工特征的基础上,Zheng 等[53]提出了一种混合神经网络模型来抽取实体及其关系,该模型主要包括用于实体抽取的双向编码器 BiLSTM-ED 模块和用于关系分类的 CNN 模块,在BiLSTM-ED 模块中获取实体上下文信息,并传递给 CNN 模块,进而改善关系分类的性能,该模型在公共数据集 ACE05(Automatic Content Extraction program)上进行了实验,并取得了较好性能。Li 等[54]提出了一种同时抽取生物医学实体及其关系的神经联合模型,该模型首先利用 CNN 将单词的字符信息编码到字符级表示,然后将字符级表示、词嵌入和词性嵌入输入基于 BiLSTM 的循环神经网络中,学习句子中实体及其上下文的表示。

该类基于参数共享的方法能缓解错误传播和任务间关系依赖被忽视的问题,但是在模型的训练过程中还是按先后顺序进行实体识别和实体对的语义关系预测,导致没有匹配关系的冗余实体问题,从而影响模型联合抽取任务的性能。

为解决上述冗余实体问题,研究人员[55-57]利用联合标注方法对样本数据中的实体位置、实体关系类型、实体角色等信息进行标注,并结合神经网络将实体和关系联合抽取模型转化为端到端的序列标注模型,从而实现关系三元组的同时抽取[37]。例如,Zheng 等[55]提出了一种新的标注方案,将实体和关系联合抽取任务转换为序列标注问题,在不同的端到端模型中直接进行实体及其关系抽取,而不需要单独识别实体和关系;同时,在远程监督的方法产生的公共数据集上进行了实验,获得了优于流水线方法的性能。针对实体和关系联合抽取依赖于词性标注、依存句法分析等自然语言处理工具的问题,Bekoulis 等[56]提出一种联合神经模型同时进行实体识别和关系抽取,不需要任何人工特征提取和外部工具,该模型利用 CRF 层将实体识别任务和关系抽取任务建模为多头选择问题,并使用不同环境的数据集进行了实验验证,获得了较好的性能和鲁棒性。针对不同的关系三元组在句子中可能存在重叠的问题,Zeng 等[57]提出了一种基于复制机制的序列到序列学习的端到端模型,该模型可以从任意类别的句子中联合抽取关系三元组,主要包括编码器和解码器两部分,编码器负责将自然语言句子转换为固定长度的语义向量,解码器读取该向量并直接生成关系三元组,并在解码过程中采用两种不同的策略,即只使用一个统一的解码器或者使用多个分离的解码器。

通常,该类基于序列标注的方法是对句子序列的 token 进行建模,由于句子序列具有天生的顺序特性,会造成无法选择重叠实体现象,进而导致关系分类任务存在实体重叠问题。

1.3.2　知识图谱研究

当前,计算能力的不断提升和互联网用户生成内容的不断增长,极大地促进了知识图谱研究的发展。知识图谱作为一种高效的知识表示方式,将事实以图结构的方式表示为实体-关系三元组,与传统知识表示形式相比,它具有组织方式更灵活、语义表达更强、更易于认知等优势[9],逐渐发展成为各类应用场景下的重要基础设施。因此,凭借技术方案的优势和日益增加的互联网需求,国内外相继出现了一大批优秀的知识图谱项目。

在开放领域方面,Cyc① 是一个早期的常识知识图谱,采用一阶逻辑表示知识,约有 25 万个实体和 300 万个事实,支持较为复杂的知识推理,但存在扩展性和灵活性不足的问题。Freebase② 是一个开放、共享的百科知识图谱,采用众包编辑的方式产生了包含 4400 万条概念和 24 亿个事实,是 Google 知识图谱的重要数据来

---

① https://cyc.com/.

② http://www.freebase.com/.

源。DBpedia[①] 是一个支持多语言的百科知识图谱,采用 RDF 语义数据模型,从维基百科页面抽取结构化知识,含有 2800 万个实体。Google 知识图谱[②]是一个综合知识图谱,它的提出标志着"知识图谱"的正式诞生,该知识图谱利用 Freebase 和 Wikipedia 的半结构化数据作为数据来源,包含了 1500 种实体类型和 35000 种关系类型。CN-DBpedia[③] 是一个中文百科知识图谱,对外提供规范的数据访问接口,包含 1600 万个实体、2.2 亿条关系。OpenKG[④] 是一个开放知识图谱社区联盟,由国内多个知识图谱领域的研究团队共同发起,提供了一个共享知识图谱数据集及工具的平台,目前包含 19 个分类、225 个数据集。

知识图谱在以上开放领域的成功应用,推动了受限领域知识图谱(领域知识图谱)的发展。在生物医疗领域,由中国中医科学院中医药信息研究所研发的中医药知识服务平台,利用中医药领域海量的文本、临床数据作为结构化知识的数据来源,抽取中医学科领域的概念及其语义关系,形成了一个中医领域知识库。在电商领域,阿里巴巴知识图谱和京东知识图谱以知识众包、文本数据为数据来源,以商品数据为核心,整合舆情、百科、行业标准等多领域数据,构建了百亿级别的关系三元组,建成了大规模的知识网络,在前端商品推荐、商品智能问答和后端数据分析与决策方面发挥重要作用。

在教育领域,清华大学构建了一个涵盖语文、数学、英语、物理和化学等学科,共计 750 个概念、530 万个实例、3100 万条关系三元组的大规模基础教育领域知识图谱 eduKG。该图谱拥有亿级别图数据的存储能力,支持图搜索、推理和查询功能,除了基础教育领域中的多维知识描述外,还包含与其他基础教育文本资源的实体链接。图 1-2 为基础教育领域知识图谱 eduKG 关于实体"李白"的关系示例。

由上所述,面向受限领域的知识图谱通过融合更为精细的行业数据和领域知识管理需求,为特定行业提供深度搜索、知识推荐和决策分析等智能化应用与服务,成为推进行业发展的重要人工智能技术体系[58]。

1.3.3　软件知识表示与建模

近年来,在知识图谱研究不断发展的带动下,研究人员以软件知识社区数据为主要数据来源,开展软件知识表示与建模研究。董翔[11]基于开放数据资源和软件

---

① http://www.dbpedia.org/.

② http://developers.google.com/knowledge-graph.

③ http://kw.fudan.edu.cn/cndbpedia/.

④ http://www.openkg.cn/.

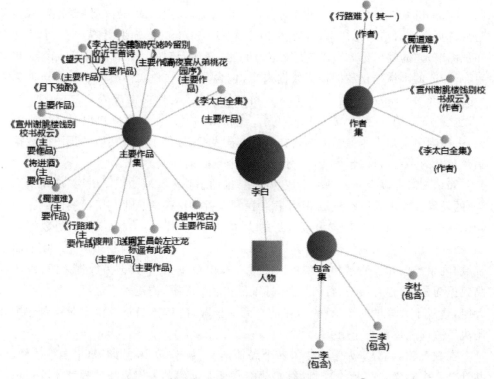

图 1-2　基础教育领域知识图谱 eduKG 的示例①

知识社区文本,利用机器学习算法挖掘软件工程领域的概念及其语义关系,获得一个较为精准的软件工程知识库。针对人工构建的小规模知识库难以发挥作用问题,Chen 等[12]从软件知识社区 StackOverflow 中选择领域相关的标签来匹配维基百科中的实体,通过改进的标签传播算法扩展概念集;并根据维基百科的结构信息,设计了一种基于规则的方法发现关联、子类等语义关系,进而获得一个软件工程领域知识库 SEBase。针对软件项目的 API 学习资源查询带来的差异性问题,Lin 等[59]从软件源代码中提取 API 图,并将其作为软件特定的概念知识;然后对查询语句和文档的 API 实体进行识别,并通过分析这些 API 实体间的结构关系推断其语义相关性。为了解决单个编程规范文档无法完全覆盖所有编程规范细节以及获取编程规范的不便问题,Cao 等[60]提出一个基于在线资源的编程规范知识库 CCBase,首先利用知识图谱工具 Protege 设计了一个编程规范领域的本体,然后在本体的指导下利用规则匹配方法从各种在线资源中抽取编程规范相关的实体和关

①　http://edukg.cn/graph.

系，并提出一个 RCE 算法建立统一的编程规范类型层次结构，最后生成的编程规范知识库包含了 3139 个 Java 和 C++的编程规范，3761 个实体和 767 个关系。

从上述研究工作可以看出，研究人员利用开放资源库或软件知识社区文本数据，从软件工程领域概念、API、编程规范等角度，进行软件工程领域知识库构建研究，为软件知识图谱构建及应用奠定了基础。

1.3.4　面向社区的专家推荐

面向知识社区的专家推荐任务综合了问题路由任务[61]和专家发现任务[62]，其目标是通过建立问题和潜在答案提供者之间的匹配关系，提升问题的回答率和答案生成的质量，将有效促进知识社区的快速发展。

早期面向知识社区的专家推荐通过引入特定的评价指标对用户进行评价，进而实现专家的识别和推荐[63]。该类方法通过统计用户获得的投票值、贡献最佳答案的数量和问答的参与度等指标，来评价用户是否具备相应的专业知识和技能，从而判别是否为潜在的候选专家。该类方法的实现方式较为简单快捷，但由于所依据的评价指标无法科学、全面评价用户的专业知识和技能，专家推荐的效果有限。基于语言模型的专家推荐方法[64,65]，利用自然语言处理技术计算用户的历史答案和问题文本的关键字匹配程度，并根据匹配程度返回候选专家列表，以此实现专家推荐。由于该类方法的本质是基于关键字的相似度计算，无法捕获问答文本的语义信息，专家推荐的效果受限于相同主题的问答场景。

基于主题的专家推荐方法[66-68]利用主题模型对问题文本、问题标签和用户历史答案等信息进行建模，抽取问题和用户的领域相关主题信息，并通过语义相似度计算等方法实现专家推荐。基于权威度的专家推荐方法[69,70]，根据用户的历史问答活动构建基于用户-用户的关系网络，并利用链接分析等方法将最具权威的用户作为问题的答案提供者。这两类专家推荐方法大多基于词的共现关系和语义相似度计算，无法捕获问题文本和专家的隐含知识关联信息，专家推荐效果有待进一步提高。

由于知识图谱包含规模庞大的实体及其语义关系表示，能有效增强实体的语义信息，有助于提升推荐任务的准确性和可解释性，大量的研究工作将知识图谱应用到推荐任务，获得了较好的性能[71,72]。

研究人员利用翻译模型[73-76]或者语义匹配模型[77]将知识图谱的实体和关系映射为低维向量，再通过嵌入的方法实现推荐算法。Zhang 等[78]引入知识库的结构化知识、文本知识和图像知识作为辅助信息，并利用 TransR[75]模型、自编码器模型获取特征向量表示，从而提升推荐系统的效果。Huang 等[79]利用 TransE 模型学习知识图谱的实体向量表示,并输入一个带有键值对记忆结构的 RNN 进行序列化推荐。其中,RNN 用于捕获序列化的用户偏好,键值对记忆结构用于捕获属性级的用户偏好,通过拼接两部分特征向量生成最终的用户偏好特征表示,进而实现基于细粒度用户偏好的推荐。针对传统新闻推荐系统忽略了知识层面信息的问题,Wang 等[80]利用知识图谱嵌入模型(Knowledge Graph Embedding,KGE)和 CNN 构建了一个多通道的知识感知卷积神经网络,将新闻的语义表示和知识表示进行融合,通过点击率预测实现新闻推荐,获得了较好的性能。

因此,受知识图谱在推荐领域成功应用的启发,利用软件知识图谱作为辅助资源,将问题文本和专家历史答案建模为知识表示,能有效捕获问题和专家之间的隐含知识关联,有助于提升面向社区的软件专家推荐效果。

1.4　存在的问题和挑战

通过对上述研究现状的分析可知,面向社区文本的软件知识图谱构建及应用研究吸引了诸多学者的关注,取得了一定的研究进展。但是,由于软件知识社区文本是非结构化的用户生成内容,不仅具有内容重复、结构松散、拼写不规范等社会化特征,还具有命名不统一、术语繁杂和语义特征弱等软件领域特征,导致面向社区文本的软件知识图谱构建及应用还存在如下亟待解决的问题和挑战:

(1)在软件知识实体抽取方面。软件知识社区文本存在命名不统一、拼写不规范、实体名称为常用词或少见词等情况,导致软件知识实体抽取面临实体歧义、实体变体、无法识别未登录词等问题。现有的研究工作缺乏对这些问题的关注和研究,软件知识实体抽取的质量难以达到预期效果,急需完善模型和方法,以适应软件知识社区文本的社会化和专业领域特征。

(2)在软件知识实体关系抽取方面。由于受软件知识社区文本特征的影响,软件知识实体关系抽取存在实体语义特征弱、实体语义关系模糊的问题;同时,由于基于依存关系特征进行关系抽取存在欠剪枝或过剪枝的问题,软件知识实体关系抽取的准确率不高,从而影响软件知识图谱构建的质量。因此,需要结合软件知识社区文本的特征,对上述存在的问题进行研究,设计面向社区文本的软件知识实体关系抽取方法。

(3)在软件知识实体和关系联合抽取方面。现有的软件知识实体和关系抽取大多基于流水线式的方法,缺少联合抽取方面的研究,存在较为严重的任务依赖问题;同时,软件知识社区文本的实体语义关系复杂,存在实体重叠问题,导致面向社区文本的自动化软件知识抽取尚未得到很好解决。因此,需要从联合抽取的角度,结合软件知识实体重叠问题,设计面向社区文本的软件知识实体和关系联合抽取方法。

（4）**在面向社区的软件专家推荐方面**。当前面向社区问答场景下的软件专家推荐存在标签依赖和交互数据稀疏的问题。同时，由于缺乏知识图谱的辅助和支持，无法捕获问题文本和专家领域知识偏好之间的隐含知识关联信息，从而影响软件专家推荐的效果。因此，可以利用软件知识图谱作为辅助资源，设计面向社区的软件专家推荐方法，解决上述标签依赖、交互数据稀疏和隐含知识关联信息缺失等问题。

（5）**在应用领域方面**。与通用领域和成熟行业相比较，软件知识图谱构建研究还处于起步阶段，缺乏统一、完备的实体类型、语义关系类型定义和公开、可用的软件工程领域标注数据集。

1.5　本书的内容与组织

1.5.1　主要内容

结合当前基于社区文本构建软件知识图谱的重要意义和存在的问题挑战，本书重点对软件知识抽取展开研究，具体包括软件知识实体抽取、软件知识实体关系抽取、软件知识实体和关系联合抽取三个子任务；同时，为了验证软件知识抽取的质量和效果，利用已构建软件知识图谱作为辅助资源，针对软件知识社区问答场景下的专家推荐任务进行研究。本书主要内容之间的边界和逻辑关系如图 1-3 所示。

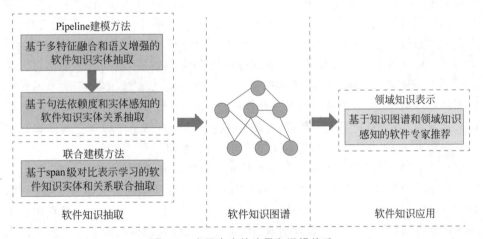

图 1-3　主要内容的边界和逻辑关系

由图 1-3 可知,本书首先进行软件知识实体抽取任务,从软件知识社区文本中抽取软件知识实体。然后进行软件知识实体关系抽取,获取实体间的语义关系。这种基于流水线的方法对两个任务单独建模,具有一定的灵活性;但任务之间存在依赖关系,缺乏任务之间的交互,因此以上述两个任务为基础对软件知识实体-关系三元组进行建模,进行软件知识实体和关系联合抽取研究。通过以上三个任务完成基于社区文本的软件知识抽取,形成了软件知识图谱。最后利用软件知识图谱作为辅助资源,以社区问答场景的软件专家推荐为研究对象,开展软件知识应用研究。由此,本书的主要内容如下。

1. 基于多特征融合和语义增强的软件知识实体抽取

由于软件知识社区文本是非结构化的用户生成内容,具有结构松散、拼写不规范、命名不统一、术语繁杂等特点。传统的实体抽取方法将软件知识社区文本视为普通文本,忽略了软件知识社区文本带来的实体歧义、实体变体、无法识别未登录词等问题,将严重影响软件知识抽取的质量。因此,我们提出一种基于多特征融合和语义增强的软件知识实体抽取方法。针对实体歧义问题,提出一种基于双向长短时记忆网络和图卷积神经网络的混合神经网络模型,对上下文特征和句法依存特征进行融合,实现多特征融合的句子序列特征表示。针对实体变体和无法识别未登录词问题,提出了一个基于注意力权重的实体语义增强策略,以捕获软件知识实体的语义特征增强表示。

2. 基于句法依赖度和实体感知的软件知识实体关系抽取

在完成软件知识实体抽取任务后,需要建立实体间的语义关系,从而形成软件知识图谱。软件知识实体存在语义特征弱、语义关系模糊和句法依存关系特征建模存在的欠剪枝或过剪枝问题,导致软件知识实体关系抽取难以取得预期效果。因此,我们提出一种基于句法依赖度和实体感知的软件知识实体关系抽取方法。针对句法依存关系特征提取时欠剪枝或过剪枝策略导致的噪声词或关键信息丢失问题提出一种基于牛顿冷却定律的权重图卷积神经网络模型,准确度量单词间的句法依赖度,获取句子序列的句法依存特征增强表示。同时,针对软件知识实体的语义特征弱、语义关系模糊问题,从实体特征融合的角度提出一种基于实体感知的特征融合方法,获取软件知识实体特征和句子序列特征的增强表示。

3. 基于 span 级对比表示学习的软件知识实体和关系联合抽取

由于基于流水线式的软件知识抽取方法存在任务依赖问题和实体重叠问题,影响软件知识实体和关系抽取的质量。因此,我们提出一种基于 span 级对比表示学习的软件知识实体和关系联合抽取方法。针对软件知识社区文本存在的实体重叠问题,以 span 为单元对句子序列进行建模,生成丰富的实体 span 正、负样本,避免无法选择重叠实体的问题。同时,从实体和关系特征学习的角度,在实体抽取和关系抽取两个任务中引入对比表示学习的思想,提出有监督的实体对比表示学习和关系对比表示学习,通过正、负样本增强和对比损失函数构建,获取实体 span 和实体对的增强特征表示。

4. 基于知识图谱和领域知识感知的软件专家推荐

软件知识社区为软件开发人员提供有关软件开发活动、软件开发技术、软件开发工具、软件项目管理等丰富的软件领域知识,对提升软件开发效率和软件生产质量具有重要作用。但是,大量待回答的问题和缺少领域专家的参与成为软件知识社区面临的重要挑战。针对基于社区的软件专家推荐存在的标签依赖、交互数据稀疏和隐含知识关联信息缺失问题,我们提出一种基于知识图谱和领域知识偏好感知的软件专家推荐方法。一是利用软件知识图谱作为辅助资源,为软件专家推荐任务提供领域知识表示支持;二是利用深度强化学习模型对专家的历史问答交互信息建模,生成专家的领域知识偏好权重图,并设计了一个集成图自监督学习的图卷积网络,学习、优化专家领域知识偏好的向量表示;三是通过知识图谱嵌入方法获取含有语义信息的软件知识实体嵌入表示,并通过融合专家的领域知识偏好,获取待回答问题的嵌入表示;四是通过深度神经网络对专家提供答案的概率进行预测,进而实现软件专家推荐任务。

1.5.2　组织结构

本书的组织结构如图 1-4 所示,分 7 章进行阐述。

第 1 章软件知识图谱概述。首先阐述大数据软件工程时代背景下软件知识社区文本藏着海量软件知识,这些软件知识对软件工程领域的智能化应用具有重要作用,由此引出基于社区文本的软件知识抽取及应用研究的必要性;其次围绕本书主要内容涉及的实体关系抽取、知识图谱、软件知识表示与建模和面向社区的专家推荐等领域进行研究现状分析,总结当前研究工作存在的问题和挑战;最后介绍本书的主要内容和组织结构。

第 2 章相关技术背景。介绍本书主要内容涉及的相关背景知识和技术。首先介绍预训练语言模型(Pretrained Language Model,PLM)、图卷积神经网络(GCN)、对比表示学习、TransH 模型和 Double DQN 模型等相关技术;然后给出软件知识实体及关系抽取、软件专家推荐等任务的性能评价指标。

第 3 章基于多特征融合和语义增强的软件知识实体抽取。首先对软件知识实体抽取存在的实体歧义、实体变体、无法识别未登录词等问题及原因进行梳理和分析;然后设计一个基于多特征融合和语义增强的软件知识实体抽取模型,并就该模型解决相关问题进行了详细阐述;最后通过模型对比实验和模型消融实验,验证了所提出方法的有效性。

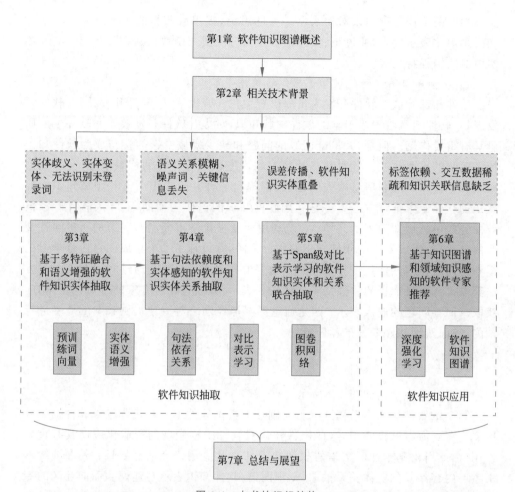

图 1-4 本书的组织结构

第 4 章基于句法依赖度和实体感知的软件知识实体关系抽取。首先阐述语义特征弱、语义关系模糊和句法依存关系特征建模存在的欠剪枝或过剪枝问题给软件知识实体关系抽取带来的挑战；然后设计一种基于句法依赖度和实体感知的软件知识实体关系抽取模型，并对模型的重要部分进行详细阐述；最后通过对比实验和消融实验对模型性能进行验证。

第 5 章基于 span 级对比表示学习的软件知识实体和关系联合抽取。首先引出流水线方法存在的弊端和软件知识社区文本存在的实体重叠问题；然后提出一种基于 span 级对比表示学习的软件知识实体和关系联合抽取模型，并对模型的对比表示学习、联合训练部分进行详细阐述；最后进行模型对比实验和消融实验，并对实例进行分析。

　　第 6 章基于知识图谱和领域知识偏好感知的软件专家推荐方法。首先利用软件知识图谱作为辅助资源,为软件专家推荐任务提供领域知识表示支持;其次利用深度强化学习模型对专家的历史问答交互信息建模,生成专家的领域知识偏好权重图,并设计了一个集成图自监督学习的图卷积网络,学习、优化专家领域知识偏好的向量表示;然后通过知识图谱嵌入方法获取含有语义信息的软件知识实体嵌入表示,并通过融合专家的领域知识偏好,获取待回答问题的嵌入表示;最后通过深度神经网络对专家提供答案的概率进行预测,进而实现软件专家推荐任务。

　　第 7 章总结与展望。对本书的主要内容进行了归纳和总结,并对未来的工作方向进行展望。

1.6　本章小结

　　对软件知识图谱进行了概述。首先给出了软件知识图谱的概念定义,并阐述了其背景及意义;其次围绕实体关系抽取、知识图谱、软件知识表示与建模和面向社区的专家推荐等领域进行了研究现状分析,并总结了当前存在的问题和挑战;最后介绍了本书的主要内容和组织结构。

第2章

相关技术背景

重点介绍本书主要内容涉及的相关技术和模型性能评价指标。其中,相关技术部分的预训练语言模型和图卷积神经网络将应用于软件知识实体及关系抽取相关章节,对比表示学习将应用于软件知识实体和关系联合抽取章节,TransH 模型和 Double DQN 模型将应用于软件专家推荐章节。

2.1 预训练语言模型

基于深度学习的任务需要规模庞大的标注数据集来训练模型参数,以避免模型过拟合;但是,对于一般研究机构来说获取大规模的标注数据变得不可能。因此,研究人员利用预训练语言模型在易获得的无标注数据上通过预训练学习一个通用的表示,然后经过微调帮助下游任务取得较好的性能[81]。这种基于预训练、微调两阶段任务模式的方法在自然语言处理任务领域取得了巨大成功,出现 Glove[82]、ELMo[83]、GPT[84]、BERT[85] 和 XLNet[86] 等一批典型的预训练语言模型。其中,专注于语言理解的 BERT 模型更是超越其他模型,在 17 个自然语言处理任务上取得了优秀性能[87],其模型结构如图 2-1 所示。

由图 2-1 可知,BERT 模型的网络架构主要由双向深度 Transformer 组成,以便获取动态词向量表示。从预训练层面来看,BERT 模型利用遮蔽语言模型和下一句子预测两个特定的任务,获取字符级、词级、句子级及句子间关系的特征表示。从微调层面来看,BERT 模型输出句子序列的 token 级表示适用于 token 级和词块级等不同层级的下游任务微调。

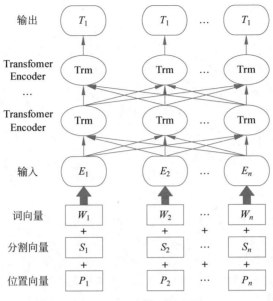

图 2-1 BERT 模型结构图

2.2 图卷积神经网络

由于传统卷积神经网络只能处理欧几里得空间(简称欧氏空间)数据的局限性,图卷积神经网络凭借对图结构数据出色的建模能力得到了越来越多的关注,在诸多领域取得成功应用[88]。

基于谱的图卷积神经网络利用傅里叶变换和拉普拉斯矩阵的特征向量及特征值,将不规则的图结构映射到规则的欧氏空间进行卷积。具体地,对于无向图 $\boldsymbol{G}=(\boldsymbol{V},\boldsymbol{E},\boldsymbol{A})$,其度矩阵为

$$D(i,i)=\sum_{j=1}^{n}\boldsymbol{A}(i,j) \tag{2.1}$$

式中:$\boldsymbol{A}$ 为邻接矩阵;n 为图中的节点数,$n=|\boldsymbol{V}|$。

归一化的拉普拉斯矩阵为

$$\boldsymbol{L}=\boldsymbol{I}-\boldsymbol{D}^{-\frac{1}{2}}\boldsymbol{A}\boldsymbol{D}^{-\frac{1}{2}} \tag{2.2}$$

式中:$\boldsymbol{I}$ 为单位矩阵;$\boldsymbol{L}$ 为实对称矩阵,特征分解后可得

$$\boldsymbol{L}=\boldsymbol{U}\boldsymbol{\Lambda}\boldsymbol{U}^{\mathrm{T}} \tag{2.3}$$

式中:$\boldsymbol{U}$ 为 n 个正交向量,$\boldsymbol{U}=(u_1,u_2,\cdots,u_n)$;$\boldsymbol{\Lambda}$ 为

$$\boldsymbol{\Lambda} = \begin{bmatrix} \lambda_1 & \cdots & 0 \\ \vdots & & \vdots \\ 0 & \cdots & \lambda_n \end{bmatrix} \tag{2.4}$$

式中：λ_i 为 u_i 对应的特征值。

在图的傅里叶变换中，将图结构的节点视为图信号，则图的傅里叶变换定义为

$$f(x) = \boldsymbol{U}^{\mathrm{T}} x = \hat{x} \tag{2.5}$$

式中：x 为输入信号，$x = (x_1, x_2, \cdots, x_n)$。

因此，图的傅里叶逆变换为

$$f^{-1}(\hat{x}) = \boldsymbol{U} \hat{x} \tag{2.6}$$

式中：$\hat{x}$ 为输入信号经过图傅里叶变换后的结果。

若对输入图信号 x 采用滤波器 g，则图卷积操作定义为

$$x * g = \boldsymbol{U}(\boldsymbol{U}^{\mathrm{T}} x \odot \boldsymbol{U}^{\mathrm{T}} g) \tag{2.7}$$

上述图卷积神经网络存在矩阵、特征向量乘积运算，算法的复杂度高，且过滤器与图的特征向量相关，造成无法应用到其他的图结构。Defferrard 等[89]使用切比雪夫多项式近似代替前述图卷积神经网络的卷积核，不需要对拉普拉斯矩阵进行分解，从而复杂度降低。由此，信号 x 经过过滤器 g_θ 的图卷积操作定义为

$$x * g_\theta = \sum_{k=0}^{K} \theta_k' \boldsymbol{U} T_k(\widetilde{\boldsymbol{\Lambda}}) \boldsymbol{U}^{\mathrm{T}} x \tag{2.8}$$

式中：θ_k' 为学习参数；$T_k(x)$ 为切比雪夫多项式；$\lambda_{\max}$ 为最大特征值；$\widetilde{\boldsymbol{\Lambda}}$ 为

$$\widetilde{\boldsymbol{\Lambda}} = \frac{2\boldsymbol{\Lambda}}{\lambda_{\max}} - I \tag{2.9}$$

Kipf 等[90]进一步简化，给出图卷积神经网络的卷积操作为

$$H^{l+1} = x * g_\theta = \sigma(\widetilde{\boldsymbol{D}}^{-\frac{1}{2}} \widetilde{\boldsymbol{A}} \widetilde{\boldsymbol{D}}^{-\frac{1}{2}} H^l \boldsymbol{W}^l) \tag{2.10}$$

式中：$\widetilde{\boldsymbol{A}}$ 为添加单位矩阵的邻接矩阵，$\widetilde{\boldsymbol{A}} = \boldsymbol{A} + \boldsymbol{I}$；$\widetilde{\boldsymbol{D}}$ 为 $\widetilde{\boldsymbol{A}}$ 的度矩阵；H^l 为第 l 层的输出；H^{l+1} 为第 $l+1$ 层的输出；$\boldsymbol{W}^l$ 为第 l 层的权重参数矩阵。图卷积神经网络通过图卷积操作汇聚节点自身及其相邻节点的特征完成节点的特征更新，如图 2-2 所示。

在卷积操作中，左边部分为原始输入的图数据，右边部分为经过一次卷积操作后的图数据。例如，对于原始输入的节点 e_1，经过图卷积操作后，其节点的特征通过聚合 e_2、e_3、e_4、e_5 和 e_6 等节点特征及其自身的特征完成节点的更新。

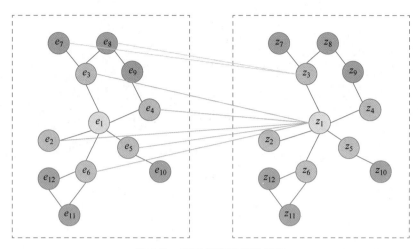

图 2-2　GCN 卷积操作示例图

2.3　对比表示学习

监督学习通过高质量地标注数据训练模型来学习数据样本的特征,并通过误差反向传播,提升模型识别和预测新样本的能力,在诸多应用场景中获得了成功。但是,大量人工标注数据的依赖性、模型泛化误差和伪关联性等问题使得监督学习遭遇瓶颈[91]。

自监督学习(Self-Supervised Learning,SSL),作为替代方案利用前置任务从大规模无标注数据自身挖掘监督信息,指导模型训练并学习高质量的特征表示,提升下游任务的性能。自监督学习方法一般分为生成式和对比式两种方法。生成式自监督学习的目标是通过优化函数分别训练编码器和解码器,编码器负责将输入信号 x 编码为向量 z,解码器将向量 z 重构为 $\hat{x}$,使 x 和 $\hat{x}$ 尽可能接近,如 VAE 模型[92]、GAN 模型[93] 等。对比式自监督学习的目标是利用数据样本本身的相似性或不相似性,学习一个含有监督信息的编码器,该编码器对同类数据采用相似的特征编码,对不同类的数据采用尽可能不同的特征编码。

对比表示学习作为自监督学习方法的重要组成部分,在自然语言处理、计算机视觉和图结构学习等领域得到了广泛应用和快速发展[94,95]。对比表示学习的通用框架主要包括数据增强、编码器(Encoder)、Projection Net 和对比损失函数四个组件[96],如图 2-3 所示。

在数据增强组件中,针对输入数据样本 $s \in S$,随机生成输入数据样本所对应的正、负样本 s^{+} 和 s^{-}。不同数据样本的数据增强策略会有不同,随机生成的正、

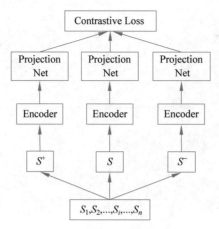

图 2-3　对比表示学习框架图

负样本的质量将影响对比表示学习模型的性能。

Encoder 组件负责将增强的数据样本映射为特征空间的向量 h，并将作为下游任务的输入。

Projection Net 组件将向量 h 投射到另一个特征空间生成向量 z，以获得训练阶段更好的表示。

对比损失函数组件通过计算特征向量 z 与其对应的正、负样本 z 和 z^- 的相似度，约束模型使得 z 与 z^+ 的相似度尽可能高，z 与 z^- 的相似度尽可能低，从而使得对比表示学习能获得输入数据样本更好的表示。

2.4　TransH 模型

TransH 模型[74]是基于翻译方法的知识图谱嵌入技术，通过将知识图谱的实体及其语义关系映射为向量表示，可以为知识获取[97]、知识融合[98]、知识推理[99]和知识应用[100]等下游任务提供支持[101,102]。TransH 模型区别于 TransE[73]、TransR[75]、TransD[76]等模型，它能较好表示知识图谱中多对多的复杂关系，因此，将 TransH 模型应用到基于知识图谱的软件专家推荐任务。

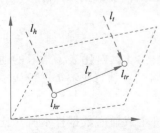

针对 TransE 模型无法处理 $1-N$、$N-1$、$N-N$ 等复杂关系的问题，TransH 模型将同一实体在不同关系的情况下表示为不同的向量。

图 2-4　TransH 模型图

如图 2-4 所示，对于知识图谱关系三元组 (h,r,t)，

TransH 模型将头实体 h 和尾实体 t 分别沿着法线 w_r 投射到关系 r 对应的超平面,记为 l_{hr} 和 l_{tr}:

$$l_{hr} = l_h - w_r^{\mathrm{T}} l_h w_r \tag{2.11}$$

$$l_{tr} = l_t - w_r^{\mathrm{T}} l_t w_r \tag{2.12}$$

式中:l_h、l_t 分别为头实体 h 和尾实体 t 的平移向量。

因此,TransH 模型的评分函数定义为

$$f_r(h,t) = \| l_{hr} + l_r - l_{tr} \|_2^2 = \| (l_h - w_r^{\mathrm{T}} l_h w_r) + l_r - (l_t - w_r^{\mathrm{T}} l_t w_r) \|_2^2 \tag{2.13}$$

式中:l_r 为关系 r 的平移向量;w_r 的范数约束为 1。

2.5 Double DQN 模型

深度强化学习的目标是通过优化累积的未来奖励信号,为顺序决策问题学习更好的策略。DQN(Deep Q-Learning)[103] 模型通过结合强化学习 Q-learning 和深度神经网络的特性,在许多游戏中的表现达到甚至超过了人类水平,成为当前流行的强化学习算法之一。

在 Q-learning 算法中,Q 值的更新公式如下:

$$Q(s,a) \leftarrow Q(s,a) + \alpha(r + \gamma Q(s',a') - Q(s,a)) \tag{2.14}$$

式中:s 和 s' 分别表示智能体(agent)的当前状态和下一状态;a' 表示 s' 对应的动作;r 表示 agent 在 s' 状态下的奖励值;α 为 Q 值更新的学习率,$\alpha \in [0,1]$;γ 为 Q 值更新中的折扣因子,$\gamma \in [0,1]$。$Q(s,a)$ 为 Q 现实值,$r + \gamma \max\limits_{a'} Q(s',a')$ 为 Q 估计值,两者的误差用来更新 Q 现实值。

在 DQN 算法中,使用神经网络对 Q 值进行估计,通过更新网络参数 θ 使得 Q 函数逼近最优 Q 值,如下:

$$Q(s,a;\theta_i) \approx Q(s,a) \tag{2.15}$$

式中:θ_i 为第 i 次迭代时的神经网络参数。

DQN 模型由网络结构一致、网络参数不同的当前网络(MainNet)和目标网络(TargetNet)组成。DQN 模型的损失函数如下:

$$\mathrm{Loss}(\theta) = E\left[((r + \gamma Q(s',a';\theta_i^-)) - Q(s,a;\theta_i))^2\right] \tag{2.16}$$

式中:$r + \gamma Q(s',a';\theta_i^-)$ 为 Q 估计值;$Q(s,a;\theta_i)$ 为当前状态动作对的值函数;θ_i^-、θ_i 分别为 TargetNet 和 MainNet 的参数。

在 DQN 模型的训练过程中,计算 Q 估计值时的最大化操作会导致"过估计"问题,影响模型的最终决策。因此,Double DQN 模型[104] 分别利用 TargetNet 进

行动作的选择和 MainNet 进行动作的评估,以缓解"过估计"问题带来的影响。Double DQN(简称 DDNQ)模型的损失函数如下:

$$\text{Loss}(\theta) = E\left[(r + \gamma Q(s', Q(s', a'\,;\,\theta_i)\,;\,\theta_i^-) - Q(s, a\,;\,\theta_i))^2\right] \quad (2.17)$$

由此,Double DQN 的训练流程如图 2-5 所示。

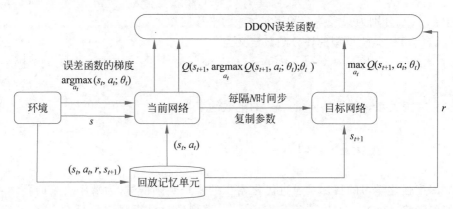

图 2-5　Double DQN 的训练流程

2.6　模型性能评价指标

2.6.1　软件知识实体及关系抽取任务评价指标

本书选择精确率 P(Precision)、召回率 R(Recall)和 $F1$ 值($F1$-Score)作为软件知识实体及关系抽取任务的性能评价指标,具体的定义如下:

$$P = \frac{T_P}{T_P + F_P} \times 100\% \quad (2.18)$$

$$R = \frac{T_P}{T_P + F_n} \times 100\% \quad (2.19)$$

$$F1 = \frac{2 \times P \times R}{P + R} \times 100\% \quad (2.20)$$

式中: P 表示模型识别结果中识别正确的样本占所有被识别样本数量的百分比; R 表示模型识别的正确样本占所有正确样本数量的百分比; $F1$ 值为 P 和 R 的加权调和平均,作为模型综合性能评价指标。

2.6.2　软件专家推荐任务评价指标

对于软件专家推荐任务,我们选择 Top-K 推荐和点击率预测 CTR 两个实验场景对模型性能进行评价。点击率预测 CTR 是利用训练好的模型和测试数据集中专家的历史回答信息，计算专家回答待回答问题的概率，采用准确率 ACC、AUC 和 $F1$ 评价指标进行性能评价。ACC 指标衡量的是被正确识别为专家或非专家的用户比例，定义为

$$ACC = \frac{T_P + T_n}{T_P + F_P + T_n + F_n} \quad (2.21)$$

式中：T_p（True Positive）表示模型将正样本识别为正样本的数量；F_p（False Positive）表示模型将负样本识别为正样本的数量；T_n（True Negative）表示模型将负样本识别为负样本的数量；F_n（False Negative）表示模型将正样本识别为负样本的数量。

AUC 指标衡量专家得分高于非专家的概率，定义为

$$AUC = \frac{\sum\limits_{ins_i \in positiveclass} rank_{ins_i} - \frac{P \times (P+1)}{2}}{P \times N} \quad (2.22)$$

式中：P、N 分别表示正样本和负样本；$rank_{ins_i}$ 表示第 i 条样本按概率从小到大地排序。

Top-K 推荐是利用训练好的模型为每个测试数据集中的待回答问题选择 K 个点击率最高的专家，采用精确率 Precision@K、召回率 Recall@K 指标进行性能评价，即

$$Precision@K = \frac{T_P@K}{T_P@K + F_P@K} \quad (2.23)$$

$$Recall@K = \frac{T_P@K}{T_P@K + F_n@K} \quad (2.24)$$

式中：Precision@K 表示在返回的专家列表中正确预测的专家所占比例；Recall@K 表示预测正确的专家占所有专家的比例。

2.7 本章小结

我们围绕本书研究内容的相关技术进行了梳理和介绍。首先介绍了预训练语言模型 BERT 的相关知识；其次介绍了图卷积神经网络和对比表示学习的原理和分类；然后对知识图谱嵌入技术 TransH 模型和深度强化学习模型 Double DQN 的算法原理进行了阐述；最后针对软件知识抽取和软件专家推荐的性能评价指标进行了介绍。

基于多特征融合和语义增强的软件知识实体抽取方法

3.1 引言

近年来,StackOverflow、Lampcms①、Learnku②、思否③、掘金④、德问⑤等软件知识社区得到了快速发展,成为广大软件开发人员交流、共享软件知识的平台和重要的软件领域知识库[1]。通过这些软件知识社区,软件开发人员可以根据个人需求进行提问、回答和评论等操作,帮助软件开发人员快速掌握特定软件知识,解决开发过程中遇到的问题。以软件知识社区 StackOverflow 为例,近期该社区拥有 600 多万注册用户,发布了约 2100 万个软件工程领域问题,在这些问题的回答、评论、链接等交互信息中蕴含着海量的软件知识实体。

但是,传统基于关键字、主题模型等文本处理技术把软件知识实体当作普通文本处理,没有关注到软件知识社区文本的社会化特征和专业领域特征,无法适应软件开发人员获取软件知识的需求。如何从软件知识社区中准确、高效地获取高质量的软件知识,成为推进智能化软件工程的重要因素,也成为大数据知识工程在软

---

① http://www.lampcms.com/.
② https://learnku.com/.
③ https://segmentfault.com/.
④ https://juejin.cn/.
⑤ http://www.dewen.net.cn/.

件领域的重要挑战。

知识图谱作为一种知识表示形式,用图结构来建模实体、概念及其相互之间的语义关系,能增强对知识组织结构的表达,使用户能快速、准确、智能地处理各类信息[9]。对软件知识社区的用户生成文本所蕴含的软件知识实体及其关系信息进行识别和抽取,进而构建软件知识图谱将会促进智能问答、软件文档生成和专家推荐等以实体为中心的智能化软件工程的发展。

实体抽取旨在文本中识别并分类所属预定义的语义类型(如人名、地名和组织名)的名词性指称项,是知识图谱构建和自然语言理解的重要前提基础[8]。我们所指的软件知识实体抽取是指从海量非结构化的软件知识社区文本中识别和抽取有关软件编程、软件开发库和软件项目等软件工程领域实体,并按其语义分类到预先定义的实体类型中。由于软件知识社区文本是用户生成的非结构化短文本,具有非常强的社会化和专业领域特征,普遍存在如下问题:

(1)遵循的编程语言规范不统一或拼写不规范,造成大量拼写错误和简写现象,导致实体变体现象。例如,软件知识实体"JavaScript"存在名称缩写和拼写错误产生的实体"JS""javascripte"等。

(2)某些特定软件实体名称为常用词,造成实体稀疏问题。

(3)同一实体词在不同语境上下文中可以归属不同实体类型,造成实体歧义问题。比如,软件知识实体"Mac"可以标记为"PlatCOS"(操作系统),也可以标记为"SLMDL"(移动开发库)。

(4)存在少见、独特的软件知识实体,造成 Out-of-Vocabulary 单词无法识别问题,如"Glass-box unit-testing technique""application framework"等。

另外,软件知识实体抽取任务缺乏统一、完备的实体类型定义及公开的领域标注数据集。

因此,上述存在的问题给软件知识实体抽取任务带来了实体歧义、实体变体、无法识别未登录词和缺乏领域标注数据集等挑战。同时,作为特定领域知识图谱构建的关键基础,软件知识实体抽取结果的可信度要求更高,需要改进算法提升软件知识实体抽取的准确率。

针对上述软件知识实体抽取存在的诸多挑战,我们综合考虑单词、句法、实体上下文及其语义特征,提出一种基于多特征融合和语义增强的软件知识实体抽取方法。一方面,从句子序列建模的角度,使用 BiLSTM 模型和 GCN 模型,将上下文特征和句法依存特征进行融合,从而得到多特征融合的句子序列上下文语义表示;另一方面,从实体建模的角度,利用一个基于注意力权重的实体语义增强策略,获取领域实体的增强特征表示。该方法区别于当前通用领域的实体抽取方法,它对模型的输入嵌入层、特征融合层和特征增强层进行了改进。具体地,主要工作如下：

（1）针对实体歧义问题，提出一种基于 BiLSTM 模型和 GCN 模型的混合神经网络模型，实现句子序列的多特征融合表示。具体而言，在模型的输入嵌入层，利用 BERT 模型获取高质量的软件工程领域词向量表示；在特征融合层，利用 BiLSTM 模型和 GCN 模型构建特征编码器，捕获句子序列的上下文特征和句法依存特征。

（2）针对实体变体和无法识别未登录词问题，在模型的特征增强层提出了一个基于注意力权重的实体语义增强策略，以捕获领域实体的语义增强特征表示。

（3）针对软件工程领域缺乏标注数据集的问题，基于软件知识社区 StackOverflow 的问答文本构建了涵盖 12751 个句子、515943 个 tokens 和 40 个实体类型的软件工程领域标注数据集。

3.2　相关工作

当前，研究人员利用机器学习和深度学习方法开展软件工程领域实体抽取方法研究。Ye 等[13]提出了一种基于半监督学习方法的软件工程领域命名实体识别方法 S-NER，将软件知识实体类型分为 Programming Languages、Platform、API、Tool-library-framework、Software Standard 五个类型，并利用人工特征工程将拼写特征、词法上下文特征、词位特征和词典特征进行融合，获得了较好的性能。它属于较早关注从知识社区文本中抽取软件知识的研究工作，为后续研究工作打开了思路，但存在对繁杂的人工特征工程和高质量标注数据集过度依赖的问题。Reddy 等[105]在上述工作的基础上，利用 BiLSTM 和 CRF 进行软件工程领域实体抽取，并对预定义实体类型进行扩展，取得了较好的性能。针对非结构化数据、半结构化数据和代码数据，Lv 等[106]分别利用 BiLSTM＋CRF、模板匹配和抽象句法树从软件知识社区抽取软件知识实体，并采用基于 TF-IDF 的关键字抽取、TextRank、K-Means 等方法解决标注数据集缺乏的问题。Tabassum 等[107]结合 StackOverflow 的问答文本数据，构建了包含 15372 个句子和 20 个实体细分类的计算机编程领域语料库，并提出一个基于注意力机制的实体识别模型，提高了代码实体识别效果。

Sun 等[108]提出了一种基于 BERT 词嵌入的软件实体识别方法。该方法首先利用 BiLSTM-CRF 模型和词向量嵌入技术构建实体识别模型，然后通过引入 BERT 预训练语言模型对模型输入层的词向量进行优化，最后以软件知识社区 StackOverflow 为案例进行了实验验证。为了应对软件实体识别受限于小实体词汇表或噪声训练数据的影响,Tai 等[109]利用维基百科分类法开发了一个全面实体词典,包括 12 种细粒度类型的 79000 个软件实体,以及超过 170 万个句子的大型标记数据集;同时,提出了一种基于自正则化的学习方法来训练软件实体识别模型,在 Wikipedia 基准测试和两个 StackOverflow 基准测试上取得了较好的性能。

针对 Bug 文本包含代码、缩写和特定软件词汇的情况,现有命名实体识别方法无法直接应用于 Bug 实体识别的问题,Zhou 等[110]提出了一种基于条件随机场模型和词嵌入技术的 Bug 实体识别方法 BNER,并在两个开源项目(Mozilla 和 Eclipse)上构建了一个基线语料库。为进一步改善 Bug 实体识别的效果,Zhou 等[111]提出一种基于 BiLSTM 和 CRF 的 Bug 实体识别模型 DBNER。该模型从海量 Bug 报告数据中提取多种特征,并利用注意力机制提高了 Bug 报告中实体标签的一致性。

针对从软件开发需求文本中提取需求实体存在的问题,Li 等[112]提出了一种利用 LSTM-CRF 模型进行需求实体提取,并引入通用知识减少对标签数据的依赖的新方法 RENE。在模型构建阶段,RENE 构建了一个 LSTM-CRF 模型和一个用于迁移学习的同构 LSTM 语言模型;在 LSTM 语言模型训练阶段,RENE 捕获通用知识并适应需求上下文;在 LSTM-CRF 训练阶段,RENE 用迁移层对模型进行训练;在需求实体抽取阶段,RENE 将训练好的模型应用于新出现的需求,并自动抽取需求实体。在隐私需求工程领域,Herwanto 等[113]利用实体识别模型以及上下文嵌入技术开发了一种检测用户故事中与隐私相关需求实体的自动化方法。该方法将实体分为数据主体实体、处理实体和个人数据实体,在精确率和召回率方面取得了较好的性能。

以上方法利用深度学习模型自动提取文本特征,减少了人工耗时操作,但由于多以领域关键字作为实体进行抽取,缺乏对特定软件工程领域的实体歧义、实体变体、无法识别未登录词等问题的关注,软件知识实体抽取的质量有待提升。

3.3　模型与方法

3.3.1　任务建模与方法分析

我们所指的软件知识实体抽取任务是从非结构化的软件知识社区文本中自动识别软件知识实体,并根据预先定义的实体类型进行分类。因此,软件知识实体抽取任务可以形式化定义为一个 4 元组 $SE=(X, Y_e, \delta, NA)$,其中:

X 为软件知识社区文本的句子序列,$X=(x_1, x_2, \cdots, x_n)$;

$Y_e(e_i)$ 为预测候选实体 e_i 类型的函数,$Y_e(e_i) \in \delta \cup \{NA\}$,并产生候选软件

知识实体集 $E=(e_1,e_2,\cdots,e_{|E|})$，$e_i=(x_i,x_{i+1},\cdots,x_{i+k})$；

δ 为预定义的实体类型集合；

NA 表示非实体。

例如，给定软件知识社区文本的句子序列"*GetHashCode is method of base Object class of . Net Framework.*"，软件知识实体抽取任务的目标是准确识别出实体"*GetHashCode*"和实体"*. Net Framework*"，并分类到正确的实体类型。

结合以上任务目标，我们提出一个基于社区文本的软件知识实体抽取模型，命名为 AS-SNER，其由输入嵌入层、特征融合层、特征增强层和标签解码层组成，整体架构如图 3-1 所示。

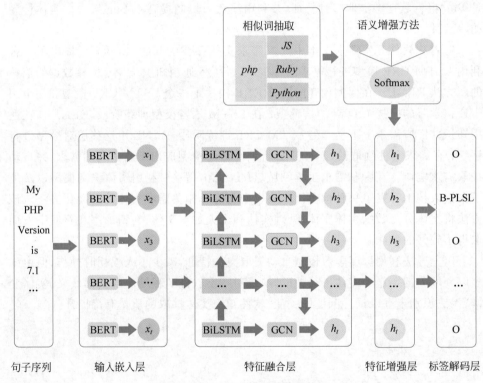

图 3-1　AS-SNER 模型整体架构图

AS-SNER 模型中各层的主要功能如下：

在输入嵌入层，为了获取高质量的输入句子序列的词向量表示，利用 BERT 模型对软件知识社区文本进行无监督学习，并将其作为特征编码器捕获句子序列的文本特征，进而丰富软件知识实体抽取模型的输入特征表示。

在特征融合层，由于句子序列的上下文信息和句法依存信息对实体抽取任务具有关键作用,使用 BiLSTM 模型和 GCN 模型构建特征编码器,分别对句子序列的上下文信息和句法依存信息进行特征编码,获取句子序列的多特征表示,从而缓解实体歧义问题。

在特征增强层,针对实体变体和无法识别未登录词的问题,提出一个基于注意力权重的实体语义增强策略,并通过特征融合获取特定领域实体的增强特征向量表示。

在标签解码层,使用 CRF 模型构建标签解码器,获取全局最优的标签序列。

3.3.2　输入嵌入层

模型的输入嵌入层负责将软件知识社区文本中的句子序列转换为低维、稠密的分布式向量表示,并输入模型的下一层。在输入嵌入层,获取丰富的领域文本特征对提升实体抽取的质量具有重要作用[114,115]。BERT 模型作为一种预训练语言模型,可以作为特征编码器捕获文本的语义信息,生成符合当前语境的动态词向量,进而提升模型的语义消歧能力。BERT 模型编码句子序列的过程描述:首先对于软件知识社区文本的输入句子序列 $X = (x_1, x_2, \cdots, x_n)$,经过基于块的分词、句子序列的首尾添加标识符[CLS]和[SEP]后,得到句子序列对应的 Token 序列;然后针对 Token 序列的每个 Token 产生 Token 向量、分割向量和位置向量,三个向量经过求和后,得到 BERT 模型的输入向量表示;经过特征编码后,得到句子序列 X 的动态词向量表示,即

$$\boldsymbol{H} = [h_1, h_2, \cdots, h_n] = \text{BERT}(x_1, x_2, \cdots, x_n) \tag{3.1}$$

为了获取句子序列的高质量词向量表示,提升从软件知识社区文本中抽取实体的性能,我们利用 BERT 模型对海量软件知识社区的文本进行预训练,并将获得的精调预训练语言模型 SWBERT 作为模型的输入特征编码器,详细内容见 3.4.1 节。

3.3.3　特征融合层

软件知识社区文本存在不同语境导致的实体歧义问题和多个单词构成实体名称导致的长距离依赖问题,因此,对于基于社区文本的软件知识实体抽取任务,捕获句子序列的上下文特征和句法依存特征,并融合成句子序列的领域多特征表示,能提升模型的消歧能力和长距离信息处理能力。

1. 基于 BiLSTM 模型的上下文特征编码

在软件知识实体抽取过程中,数据是来自软件知识社区文本的句子序列,适合使用时序模型对其进行建模,以捕获句子序列的全局上下文信息。由 Hochreiter[116]提出的 LSTM 网络利用门控机制设计单元结构,可以选择性地保留或者丢弃句子序列的有用或无用信息,提升建模句子序列上下文语义的能力。LSTM 网络的循环

单元结构如图 3-2 所示。

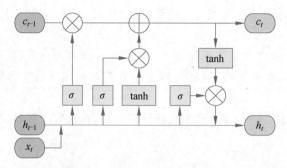

图 3-2　LSTM 网络的循环单元结构

模型 t 时刻的形式化表示如下[116]：

$$i_t = \sigma(\boldsymbol{W}_{xi}x_t + \boldsymbol{W}_{hi}h_{t-1} + \boldsymbol{W}_{ci}c_{t-1} + b_i) \tag{3.2}$$

$$f_t = \sigma(\boldsymbol{W}_{xf}x_t + \boldsymbol{W}_{hf}h_{t-1} + \boldsymbol{W}_{cf}c_{t-1} + b_f) \tag{3.3}$$

$$c_t = f_t c_{t-1} + i_t \tanh(\boldsymbol{W}_{xc}x_t + \boldsymbol{W}_{hc}h_{t-1} + b_c) \tag{3.4}$$

$$o_t = \sigma(\boldsymbol{W}_{xo}x_t + \boldsymbol{W}_{ho}h_{t-1} + \boldsymbol{W}_{co}c_t + b_o) \tag{3.5}$$

$$h_t = o_t \tanh(c_t) \tag{3.6}$$

式中：σ 和 tanh 表示非线性激活函数；i_t 表示输入门；f_t 表示遗忘门；c_t 表示细胞单元；o_t 表示输出门；x_t 表示输入单元；h_t 表示隐层状态；$\boldsymbol{W}$ 表示权重矩阵，b 表示偏置项。

　　由 LSTM 模型的结构可知，在句子序列的处理过程中，由 x_t、f_t、c_t 和 o_t 的状态捕获当前句子序列的历史信息（即上文信息），但缺乏未来信息（即下文信息），而下文信息对软件知识实体抽取任务同样具有重要作用。所以，利用两个方向相反的 LSTM 模型构建一个双向 LSTM 模型，可以同时捕获当前 t 时刻句子序列的上下文信息，最终输出由正、反两个方向的 LSTM 模型输出拼接获得，模型结构如图 3-3 所示。

　　双向 LSTM 模型的计算过程如下：

　　在模型的 t 时刻，正向 LSTM 的隐层状态的输出表示为

$$\overrightarrow{\boldsymbol{h}}_t = \text{LSTM}(x_t, \overrightarrow{\boldsymbol{h}}_{t-1}) \tag{3.7}$$

式中：$\overrightarrow{\boldsymbol{h}}_t$ 表示 t 时刻的输出；x_t 表示 t 时刻的输入；$\overrightarrow{\boldsymbol{h}}_{t-1}$ 表示 $t-1$ 时刻的隐层状态。反向 LSTM 的隐层状态的输出表示为

$$\overleftarrow{\boldsymbol{h}}_t = \text{LSTM}(x_t, \overleftarrow{\boldsymbol{h}}_{t+1}) \tag{3.8}$$

式中：$\overleftarrow{\boldsymbol{h}}_t$ 表示 t 时刻的输出；x_t 表示 t 时刻的输入；$\overleftarrow{\boldsymbol{h}}_{t+1}$ 表示 $t+1$ 时刻的隐层状态。

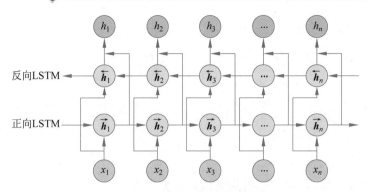

图 3-3　双向 LSTM 模型结构

因此,双向 LSTM 模型在 t 时刻的总输出为

$$\boldsymbol{h}_t = \left[\overrightarrow{\boldsymbol{h}}_t ; \overleftarrow{\boldsymbol{h}}_t\right] \tag{3.9}$$

2. 基于 GCN 模型的句法依存特征编码

句法特征是指通过句法分析技术,提取句子的组成结构和单词间依存关系等句法层面的特征。其中,句法依存关系特征着重刻画句子序列局部及其相互之间的依赖关系。因此,获取句子序列单词间的依存关系特征,能捕获领域实体的长距离依赖特征,有助于识别和发现专业领域的潜在实体。由于软件知识社区文本是用户生成文本,存在大量的特定编程语言规范的短语实体和多个单词构成的合成词实体,获取单词间的句法依存特征对软件知识实体抽取具有重要作用。

图卷积神经网络是一种基于图结构数据的卷积神经网络,通过对图节点及边进行建模,捕捉节点间的依赖关系,逐渐被应用于自然语言处理领域,如文本分类[117]、语义角色标注[118]、关系抽取[119]和机器翻译[120]。由于标准的 LSTM 网络无法建模句子序列的句法依存结构信息,使用 GCN 模型构建特征编码器,对句子序列的句法依存特征进行编码,将句子序列中每个单词视为节点,节点通过汇集其相邻节点的信息生成该节点的特征向量表示。具体过程描述如下:

(1) 句法依存关系分析。

为了捕获句子序列的句法依存特征,需要对其进行句法依存关系分析,识别和挖掘句子序列中单词之间的依存关系,并以图形化的方式进行可视化。

利用斯坦福大学开发的 StanfordCoreNLP 工具①对软件知识社区文本的句子序列进行句法依存关系分析,并以句法分析图进行示例说明。

例如,对于软件知识社区的句子序列"*How to convert a TIFF to a JPG with ImageMagick?*",经过句法依存分析处理后,可以得到对应的依存关系图,如图 3-4

—————————————

① https://stanfordnlp.github.io/CoreNLP/.

所示,其中,节点为句子序列的单词,边为节点间的句法依存关系。

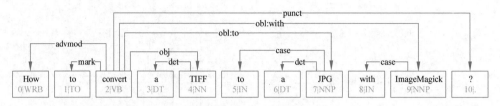

图 3-4　句法依存关系图示例

由图 3-4 可知,该句子序列的实体分别为"*TIFF*""*JPG*""*ImageMagick*",依存词为"*convert*",其中,"*TIFF*"与依存词"*convert*"的依存关系为"*obj*",表示实体"*TIFF*"是谓语"*convert*"的宾语。

(2) 邻接矩阵构建。

在获取句子序列的依存关系图后,可以利用 GCN 对句法依存关系的结构信息进行建模。给定图卷积神经网络 $G=(V,E,A)$,其中:V 表示节点,即句子序列中的所有单词;E 表示不考虑方向情况下的边,即节点之间的关系;A 表示对应的邻接矩阵。邻接矩阵反映了句子序列中单词之间的句法依存关系,其构建过程形式化描述如下:

给定句子序列 $X=(x_1,x_2,\cdots,x_n)$,x_i 为单词节点,若 x_i 到 x_j 之间存在依存关系,表示 x_i 到 x_j 之间存在边(无向边),则 $A_{ij}=A_{ji}=1$;否则,$A_{ij}=A_{ji}=0$。同时,为了聚合节点自身的信息,每个节点添加了自循环,即 $A_{ii}=1$。由此,将含有 t 个单词的句子序列表示为一个 $t\times t$ 的矩阵 $\widetilde{A}$。

例如,上述句子序列"*How to convert a TIFF to a JPG with ImageMagick ?*"的邻接矩阵 $\widetilde{A}$ 为

$$
\widetilde{A}=
\begin{bmatrix}
1 & 0 & 0 & 0 & 0 & 0 & 0 & 0 & 0 & 0 & 0 \\
0 & 1 & 0 & 0 & 0 & 0 & 0 & 0 & 0 & 0 & 0 \\
1 & 1 & 1 & 0 & 1 & 0 & 0 & 0 & 1 & 0 & 1 \\
0 & 0 & 0 & 1 & 0 & 0 & 0 & 0 & 0 & 0 & 0 \\
0 & 0 & 1 & 1 & 1 & 0 & 0 & 0 & 0 & 0 & 0 \\
0 & 0 & 0 & 0 & 0 & 1 & 0 & 0 & 0 & 0 & 0 \\
0 & 0 & 0 & 0 & 0 & 0 & 1 & 0 & 0 & 0 & 0 \\
0 & 0 & 0 & 0 & 0 & 1 & 1 & 1 & 0 & 0 & 0 \\
0 & 0 & 0 & 0 & 0 & 0 & 0 & 0 & 1 & 0 & 0 \\
0 & 0 & 0 & 0 & 0 & 0 & 0 & 0 & 0 & 1 & 0 \\
0 & 0 & 0 & 0 & 0 & 0 & 0 & 0 & 0 & 1 & 1 \\
\end{bmatrix}
$$

(3) 依存特征提取。

在一个 L 层的 GCN 句法特征编码层中,节点 i 通过图卷积操作聚合该节点相

邻节点的特征,完成特征向量的输出:

$$h_i^l = \sigma(\tilde{D}^{-\frac{1}{2}}\tilde{A}\tilde{D}^{-\frac{1}{2}}h_i^{l-1}W) \tag{3.10}$$

式中:σ 为非线性激活函数;$\tilde{A}$ 为添加自循环的邻接矩阵,$\tilde{A}=A+I$;$\tilde{D}$ 为 $\tilde{A}$ 对应的度矩阵;h_i^{l-1} 为第 l 层节点的输入;h_i^l 为第 l 层节点的输出;W 为权重矩阵。

3.3.4　特征增强层

软件知识社区文本存在大量特定的软件知识实体名称拼写错误、缩写和简写的情况,导致软件知识实体抽取任务面临实体变体和无法识别未登录词的问题。特别是在实体类型复杂的场景下,传统基于领域词典或外部特征的方法,会给软件知识实体抽取结果带来噪声和错误传播的问题,造成软件知识实体标签错误。

相关文献[121]研究表明,增强特定领域实体的语义特征表示,能有效缓解实体变体和无法识别未登录词的问题,提升软件知识实体抽取的准确性。因此,针对软件知识社区的用户生成文本,在模型的特征增强层提出一种基于注意力权重的语义增强策略,增强领域实体的语义特征表示,具体过程如算法 3-1 所示。

算法 3-1　领域实体语义增强算法

Input: 软件知识社区文本的句子序列 $X=(x_1,x_2,\cdots,x_n)$
Output: 句子序列 X 语义增强表示 $H=(h_1,h_2,\cdots,h_n)$

1.　**Begin**
2.　　获取经 GCN 模型编码后的句子序列 X 的向量表示　　　　//式(3.10)
3.　　**for** x_i from X **do**
4.　　　从 SWBERT 和 SEthesaurus 中抽取 k 个 x_i 相似词 $S=(s_1,s_2,\cdots,s_k)$
5.　　　获取相似词集的向量表示 $C=(c_1,c_2,\cdots,c_k)$
6.　　　**for** s_i from S **do**
7.　　　　计算 s_i 对于 x_i 的语义贡献权重　　　　//式(3.11)、式(3.12)
8.　　　　得到 x_i 的语义增强向量表示 A_i　　　　//式(3.13)
9.　　　**endfor**
10.　　通过向量融合得到 x_i 的语义增强特征表示 h_i　　　　//式(3.14)
11.　　**endfor**
12.　　返回句子序列 X 的语义增强表示 $H=(h_1,h_2,\cdots,h_n)$
13.　**End**

由算法 3-1 可知,基于注意力权重的语义增强策略主要包括基于语义一致性的相似词抽取、基于注意力的语义贡献度权重分配和特征向量融合三个步骤。首先引入软件工程领域预训练词向量和软件工程领域词库作为辅助资源,通过语义相似度计算,抽取语义一致性高的领域单词列表;然后利用注意力机制计算相似领域单词对目标词的语义贡献度权重,从而保证语义一致性;最后与隐层向量进行拼接,获得单词的语义增强特征表示。

1. 基于语义一致性的相似词抽取

选择高质量的外部辅助资源对相似词抽取具有重要作用,会影响语义增强表示的质量。一方面,利用 BERT 预训练语言模型对海量的软件知识社区文本的句子序列进行预训练,得到一个面向软件工程领域的精调预训练语言模型 SWBERT(详细内容见 3.3.1 节)。该预训练语言模型 SWBERT 蕴藏着丰富的软件知识实体的语义信息,可以作为相似词抽取的辅助资源库。另一方面,一些研究工作[122,123]关注软件工程领域词库建设,通过无监督学习从 StackOverflow、Wikipedia 等语料库自动构建软件工程领域词库,实现了面向软件工程领域的缩写识别、相似词识别等功能。为了提升相似词抽取的质量,保证语义一致性,选择从软件工程领域精调预训练语言模型 SWBERT 和软件工程领域词库 SEthesaurus[122]抽取单词的相似词作为语义增强辅助。

例如,对于输入句子序列"$My\ php\ version\ is\ 7.1.$"中的单词"$php$",通过语义相似度计算,抽取到"$JavaScript$""$JS$""$Ruby$""$Groovy$""$Cython$""$Sinatra$"等相似词,这些相似词具有软件领域相关性,将作为辅助资源增强单词"php"的语义表示。

2. 基于注意力机制的语义贡献度权重分配

由于是从不同语境抽取相似词,这些相似词对目标词的语义贡献度具有一定的差异性,我们结合注意力机制根据相似词的语义贡献度进行权重分配,以考虑相似词的语义一致性问题。

注意力机制的本质是选择性关注某些重要信息,是一种分配信息处理能力的选择机制,其目标是将某个查询 Query 和一组键值对映射(Key-Value)作为输入,输出每个 Value 所对应的权重[124],计算公式如下:

$$\text{Attention}(\boldsymbol{Q},\boldsymbol{K},\boldsymbol{V}) = \sum_{i=1}^{l} \text{Sim}(\boldsymbol{Q}_i,\boldsymbol{K}_i) \cdot \boldsymbol{V}_i \qquad (3.11)$$

式中:$\boldsymbol{Q}$、$\boldsymbol{K}$ 和 $\boldsymbol{V}$ 分别为查询、键和值的矩阵表示;$\text{Sim}()$表示相似度计算。

因此,借鉴注意力机制的思想,对于软件知识社区文本的句子序列 $X=(x_1, x_2, \cdots, x_n)$ 中的每个单词 $x_i \in X$,抽取出 k 个相似词 $S=(s_1, s_2, \cdots, s_k)$,并获取对应的词向量表示 $\boldsymbol{C}=(c_1, c_2, \cdots, c_k)$,则每个相似词 s_i 对于 x_i 的语义贡献权重为

$$w_i = \frac{\exp(\boldsymbol{h}_i \cdot \boldsymbol{c}_i)}{\sum_{j=i}^{k} \exp(\boldsymbol{h}_i \cdot \boldsymbol{c}_j)} \qquad (3.12)$$

式中:$\boldsymbol{h}_i$ 为句子序列中单词 x_i 对应的上下文隐层向量,相似度函数采用点积操作进行运算。

在获取每个相似词 s_i 对于 x_i 的贡献权重后,采用加权求和计算当前单词 x_i

的语义增强表示,即

$$A_i = \sum_{i=1}^{n} w_i c_i \qquad (3.13)$$

3. 特征向量融合

经过上述两个步骤得到软件知识社区文本的句子序列中当前单词 x_i 的语义增强表示向量 A_i,然后与经过多特征编码的单词 x_i 的隐层向量 h_i 进行融合,作为标签解码层的输入向量,即

$$h_i = h_i \oplus A_i \qquad (3.14)$$

3.3.5　标签解码层

将软件知识实体抽取过程视为序列标注问题,采用 BIO(Beginning-Inside-Outside)标注模式对语料库的实体信息进行数据标注,其中,"B-"表示软件知识实体开始的位置,"I-"表示对应实体内部,"O"表示非实体。BIO 标注模式的结构示例如表 3-1 所示。

表 3-1　BIO 标注模式的结构示例

实 体 类 型	实 体 标 签	开 始 标 签	内 部 标 签
面向对象语言	PLOO	B-PLOO	I-PLOO
面向过程语言	PLPD	B-PLPD	I-PLPD
脚本语言	PLSL	B-PLSL	I-PLSL
Web 开发语言	PLML	B-PLML	I-PLML
结构查询语言	PLSQL	B-PLSQL	I-PLSQL
指令集	PlatCIS	B-PlatCIS	I-PlatCIS
云计算平台	PlatCCP	B-PlatCCP	I-PlatCCP
Web 服务器	PlatCWSW	B-PlatCWSW	IPlatCWSW
非实体	O	O	O

由 BIO 标注模式的结构可知,标签"B-"、标签"I-"和标签"O"之间并不是彼此独立的,存在相互约束的关系。例如,在句子序列的标注过程中,"I-PLOO"标签可以出现在"B-PLOO"标签之后,形成有效的标签序列"B-APIWA I-APIWA";但不能在"B-PLOO"标签之前,形成无效的标签序列"I-APIWA B-APIWA"。

因此,在软件知识抽取任务的标签解码层,如果直接使用类似全连接层的方法对实体的类型进行分类预测,会忽略标签"B-"、标签"I-"和标签"O"之间的约束关系,造成标签错误或无效标签的情况。

CRF 模型作为一种条件概率模型,它结合句子序列的局部信息和全局观察信息对句子序列进行建模,能捕获句子序列的标签约束关系,避免标签错误或无效标

签问题。因此,使用 CRF 模型作为标签解码层,通过从句子序列的全局层面考虑相邻标签的约束关系,以避免上述问题。

由此,标签解码层[125]的任务目标可以形式化表示为给定句子序列 $X=(x_1, x_2, \cdots, x_t)$ 的隐层状态序列 $H=(h_1, h_2, \cdots, h_t)$,通过 CRF 模型训练,求解最优标签序列 $Y=(y_1, y_2, \cdots, y_t)$。其具体计算过程如下:

(1) 设 C_{ij} 为句子序列第 j 个单词被预测为标签 i 的概率,计算标签序列的总得分:

$$\text{score}(H,Y) = \sum_{i=1}^{t} Z_{y_{i-1},y_i} + \sum_{i=1}^{t} C_{i,y_i} \tag{3.15}$$

式中:Z 为标签之间的转移矩阵,Z_{y_{i-1},y_i} 表示 y_{t-1} 到 y_t 的转移概率。

(2) 通过归一化指数函数 Softmax 对标签序列 Y 的概率进行归一化:

$$C(Y \mid H) = \frac{e^{\text{score}(H,Y)}}{\sum\limits_{\omega \in Y(h)} e^{\text{score}(H,\omega)}} \tag{3.16}$$

(3) 使用动态规划 Viterbi 算法计算得分最高的标签序列:

$$y^* = \underset{\omega \in Y(h)}{\text{argmax}}(h,\omega) \tag{3.17}$$

式中:$Y(h)$ 为所有可能的标签序列。

由此,上述基于多特征融合和语义增强的软件知识实体抽取的过程可以形式化表示为算法 3-2。

算法 3-2　基于多特征融合和语义增强的软件知识实体抽取算法

Input: 软件知识社区文本的句子序列 $X=(x_1, x_2, \cdots, x_n)$ 及其句法依存信息,预训练语言模型 SWBERT
Output: 软件知识实体的标签序列 $y=(y_1, y_2, \cdots, y_n)$

1.　**Begin**
2.　　**for** each epoch **do**
3.　　　**for** each batch **do**
4.　　　　通过 SWBERT 获取句子序列 X 的词向量表示　　//式(3.1)
5.　　　　通过 BiLSTM 获取句子序列 X 上下文特征表示　//式(3.2)~式(3.9)
6.　　　　通过 GCN 获取句子序列的句法依存特征　　//式(3.10)
7.　　　　调用算法 3-1 获取句子序列的语义增强表示 $H=(h_1, h_2, \cdots, h_n)$
8.　　　　计算标签序列 y 的得分　　//式(3.15)
9.　　　　归一化标签序列 y 的概率　　//式(3.16)
10.　　　　获取最优标签序列 y^*　　//式(3.17)
11.　　　**endfor**
12.　　　返回标签序列 $y=(y_1, y_2, \cdots, y_n)$
13.　　**endfor**
14.　**End**

由算法 3-2 可知,模型根据超参数的设置进行参数初始化,并根据 batch size 的值设置每个 epoch 中单个批次训练数据的大小。在模型训练过程中,软件知识社区文本的句子序列通过预训练语言模型 SWBERT 获取对应的词向量表示,并输入 BiLSTM 模型和 GCN 获取句子序列的上下文特征和句法依存特征表示。对句子序列的每个单词通过基于注意力权重的语义增强策略获取对应的语义增强表示向量,再经过特征向量融合后得到最终的向量表示。最后,经过标签解码层对标签的概率进行预测,得到句子序列对应的标签序列。

3.4 实验与分析

为验证我们所提出的基于社区文本的软件知识实体抽取方法的实际效果,下面以软件知识社区 StackOverflow 为例开展实验与分析。同时,选择当前实体抽取领域的经典模型作为基线模型进行对比实验,根据实验结果对模型性能进行分析与评价。实验的软件环境基于 Python 语言和深度学习框架 PyTorch,硬件环境为 Intel Core i9-13900K 处理器,3.0GHz 时钟频率,GeForce RTX 4090 GPU,24GiB 显存。

3.4.1 数据集构建

1. 基于 BERT 模型的预训练词向量构建

为了获取高质量的软件工程领域词向量表示,我们使用预训练语言模型 BERT 对软件知识社区文本的海量句子序列进行了无监督训练,以获取软件工程领域的精调预训练语言模型。具体包括以下三个步骤:

(1) 获取数据源。软件知识社区 StackOverflow 的官方转存数据库使用 SQL Sever2008 数据库软件存储了 2008—2018 年所有的软件工程领域问答文本数据。该转存数据库存储了软件知识问答交互过程中的详细信息,为软件知识图谱构建提供基础数据支持。

(2) 生成语料集。在软件知识社区 StackOverflow 中,标签 tag 代表问题所属知识领域,用户会根据所提问题的涉及的领域打 1~5 个标签。因此,借助软件知识社区 StackOverflow 的标签系统可以对海量的软件知识社区文本进行初步分类,标签所涵盖的问题数量越多,表明该标签涉及的领域受关注的程度越高,从而问题得到回答或者产生高质量答案的概率就越大。

基于此,为了获取高质量的软件知识社区文本语料集,选取问答文本的策略:首先对软件知识社区 StackOverflow 中所有标签按所包含帖子的数量进行排序,排序靠前的帖子具有较高的关注度,包含高质量软件知识的概率就越大;然后根据标签的主题随机选择不同领域的帖子,并从所选中帖子的问题标题、问题描述、接受答案和随机选择一条评论等部分抽取对应的文本内容,作为软件知识社区文本语料集的内容;最后经过去 HTML 标签等数据预处理得到软件知识社区文本语料集。

(3)模型训练。利用 Google 公司提供的预训练语言模型 BERT$_{Base}$ 对软件知识社区文本语料集中的 43594128 个句子(包括 2656719 个问题、5526559 个答案和评论)进行无监督训练。在训练过程中,当训练样本大小设为 32、学习率设为0.0001、句子最大长度设为 128 时,模型的损失最低,达到最佳的训练效果。

至此,获得一个面向软件工程领域的精调预训练语言模型 SWBERT,可以为下游软件知识实体和关系抽取提供支持。

2.软件工程领域标注数据集构建

为了获取高质量的语料文本,采用上述相同的策略构建软件工程领域标注数据集。

实体类型的预定义是实体抽取的关键基础,反映出实体的粒度和知识图谱构建的目标。相较于人物、组织、地点等通用领域的预定义实体类型,软件知识图谱属于领域知识图谱,需要结合软件工程领域的知识需求和软件知识图谱构建的目标进行更为细致的实体分类。从当前的相关研究工作看来,软件工程领域缺乏统一、完备的软件知识实体的类型定义标准,多是结合软件知识的应用目标进行预定义。我们的目标是从软件知识社区文本中抽取软件开发人员关注的特定软件知识实体,为软件开发人员提供实体为中心的软件知识服务。

因此,我们结合维基百科的软件知识分类体系和软件开发人员的知识需求,在文献[13]的基础上对软件知识实体的类型进行了扩展和细化,定义了编程语言、系统平台、软件 API、软件工具、软件开发库、软件框架、软件标准、软件开发过程 8 方面共 40 个实体类型,见表 3-2。

表 3-2　软件知识实体类型

实体类型	标　　签	实　　例	实体类型	标　　签	实　　例
面向对象语言	PLOO	Java,python,c#	科学计算软件	ToolSCS	Matlab,ATLAB
面向过程语言	PLPD	Ada,C,Fortran	集成开发工具	ToolIDE	XcodeE,Pycharm
脚本语言	PLSL	JS,Groovy,Jscript	软件开发插件	ToolSDP	JProfiler
Web 开发语言	PLML	HTML,XML	数据库软件	ToolDB	Oracle,MySQL
结构查询语言	PLSQL	SQL,GraphQL,linq	应用软件	ToolAS	Word,Excel
指令集	PlatCIS	IA-32,x86-64	视觉开发库	SLVDL	OpenCV
命令解析器	PlatCP	bash,sh. ksh	游戏开发库	SLGDL	Cocos2D

续表

实体类型	标 签	实 例	实体类型	标 签	实 例
云计算平台	PlatCCP	Hadoop,amazon-s3	移动开发库	SLMDL	Retrofit
Web 服务器	PlatCWSW	apache,nginx	软件通用库	SLSL	jQuery
操作系统	PlatCOS	Android,Ubuntu	Web 应用框架	SFWAF	jsf,Django
包/类/接口	APIP	Java. Lang	服务端框架	SFSSF	Spring 4.2
方法/函数	APIPM	charAt(),toString()	数据格式	StanDF	. jpg,. png
数据库查询	APIDQ	LIKE,select	标准协议	StanSP	SMTP,ssl
Web API	APIWA	POST,GET	编码规范	StanCS	utf-8,gbk
系统 API	APISYS	GetMessagePos	软件设计模式	StanSDP	mvc,REST
事件驱动 API	APIOE	onClickListener	软件操作	StanSO	download
软件工程建模	SDPSEM	umlet,green-uml	软件项目部署	SDPSPD	Maven,gradle
软件测试	SDPSFT	LoadRunner	版本控制	SDPVC	VSS,CVS
Bug 异常	SDPBUG	SyntaxError	编程算法	SDPALG	Buble sort

在数据标注过程中,标注小组由 10 个具有软件工程领域背景的教师、软件开发人员、研究生、本科生组成,经过 5 轮交叉验证后,得到软件知识实体抽取任务的标注数据集,并按 7∶1∶2 的比例划分为训练集、验证集和测试集,见表 3-3。

表 3-3 数据集详细信息

信 息	训 练 集	验 证 集	测 试 集	合 计
问题	585	85	168	838
答案	1245	179	363	1787
句子	8912	1271	2568	12751
Tokens	438417	25839	51687	515943
实体	20807	2903	5917	29627

3.4.2 超参数设置

在软件知识实体抽取模型 AS-SNER 的训练过程中,输入嵌入层的预训练词向量维度设置为 768 维,上下文编码层的 BiLSTM 隐层状态的单元数设置为 200,GCN 设置为 1～3 层,采用 Categorical Cross Entropy 作为模型的损失函数,Adam 作为优化器,初始学习率设为 1e−3。同时,采用 L2 正则化和 Dropout 机制防止模型训练过拟合。模型相关超参数设置如表 3-4 所示。

表 3-4　模型相关超参数设置

参 数 名 称	参 数 值
Word embedding dimension	768
BiLSTM state size	200
GCN layer	1~3
Batch size	10
Epochs	1000
Optimizer	Adam
Dropout	0.5
Learningrate	1e−3

3.4.3　对比实验结果与分析

为了验证我们提出的软件知识实体抽取模型 AS-SNER 的性能,分别选取了 CRF 模型[126]、BiLSTM-CRF 模型[127] 和 BERT-BiLSTM-CRF 模型三个经典的实体抽取模型作为基线方法进行模型对比实验,实验数据采用我们构建的软件知识实体抽取标注数据集。模型对比实验的结果如表 3-5 和图 3-5 所示。

表 3-5　实体抽取结果对比

模　　型	$P/\%$	$R/\%$	$F1/\%$
CRF	56.21	41.63	47.83
BiLSTM-CRF	67.74	60.15	63.72
BERT-BiLSTM-CRF	71.59	67.05	69.25
AS-SNER	**76.87**	**71.58**	**74.13**

从模型对比实验结果可知,软件知识实体抽取模型 AS-SNER 的精确率 P 值、召回率 R 值和 F1 值均高于其他三个基线模型。与基于深度学习方法的 BiLSTM-CRF 模型相比较,软件知识实体抽取模型 AS-SNER 的精确率 P 值和 F1 值分别提升了 9.13% 和 10.41%,说明该方法基于预训练语言模型 BERT 和 GCN 能更好地学习软件知识社区文本中句子序列的领域特征和语义特征,进而缓解实体歧义问题,提升实体抽取的准确性。与基于深度学习方法的 BERT-BiLSTM-CRF 模型相比较,软件知识实体抽取模型 AS-SNER 的精确率 P 值和 F1 值分别提升了 5.28% 和 4.88%,说明该方法引入基于注意力权重的语义增强策略,能获取句子序列中实体的语义增强表示,有助于识别软件工程领域的常用词和因拼写错误造成的罕见词,进而缓解软件知识社区文本的实体稀疏和无法识别未登录词问题。相比较其他三个基于深度学习方法的模型,基于机器学习方法的 CRF 模型依赖人

工设定状态特征和转移特征,实体抽取的性能最差。

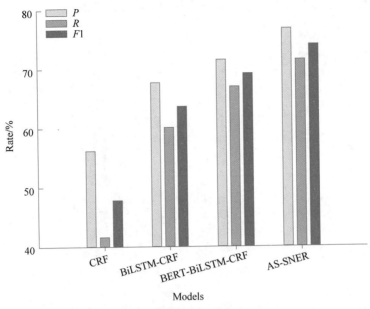

图 3-5　实体抽取结果对比

3.4.4　消融实验结果与分析

我们对软件知识实体抽取模型 AS-SNER 进行模型消融实验,主要目标是验证模型的各个组件对软件知识实体抽取的性能影响。为保证实验结果的公平性,在消融实验的过程中,各模型的相关参数保持相同的设置。

1. BERT 模型对模型性能的贡献评价

为评价预训练词向量对软件知识实体抽取任务的性能贡献,我们以 BiLSTM-CRF 模型为基准模型进行对比实验,实验结果如表 3-6 和图 3-6 所示。

表 3-6　BERT 模型对模型性能的影响

模　　型	P/%	R/%	F1/%
BiLSTM-CRF	67.74	60.15	63.72
BERT-BiLSTM-CRF	**71.59**	**67.05**	**69.25**

从模型对比实验结果可知,BERT-BiLSTM-CRF 模型优于基准模型 BiLSTM-CRF 模型。具体来说,加入 BERT 预训练词向量之后,模型的精确率 P 值提升了 3.85%,召回率 R 值提升了 6.9%,F1 值提升了 5.53%,说明基于 Transformer 的

预训练语言模型 BERT 模型具有较好的文本特征提取能力，能增强模型输入嵌入层的文本特征表示，从而提升软件知识实体抽取任务的性能。

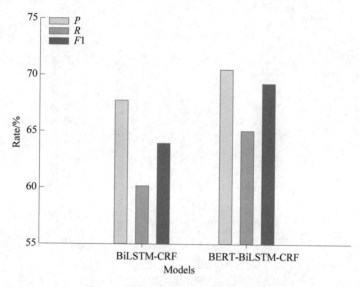

图 3-6 BERT 模型对模型性能的影响

2. 基于 BiLSTM 模型的上下文特征编码对模型性能的贡献评价

为了探索基于 BiLSTM 模型的上下文特征编码器对软件知识实体抽取任务的影响，我们选择 BERT-CRF 模型作为基准模型，对比实验了单向 LSTM 模型、BiLSTM 模型以及 BiLSTM 模型不同叠加层数的软件知识实体抽取效果。实验结果如表 3-7 和图 3-7 所示。

表 3-7 上下文特征编码对模型性能的影响

模　　型	P/%	R/%	F1/%
BERT-CRF	68.17	63.32	65.66
BERT-LSTM-CRF	69.04	63.54	66.18
BERT-BiLSTM-CRF($L=1$)	**71.59**	**67.05**	**69.25**
BERT-BiLSTM-CRF($L=2$)	70.23	65.38	67.72

从模型对比实验结果可知，在加入上下文编码后，相较于基准模型 BERT-CRF，模型的精确率 P 值和 F1 值都有提升，说明句子序列的上下文特征提取有助于保留文本语义信息，缓解实体歧义问题。同时，BiLSTM 模型相较于单向 LSTM 模型，F1 值提升了 3.07%，说明双向 LSTM 能同时捕获句子序列的上文和下文信

息,有助于句子序列的上下文特征编码。

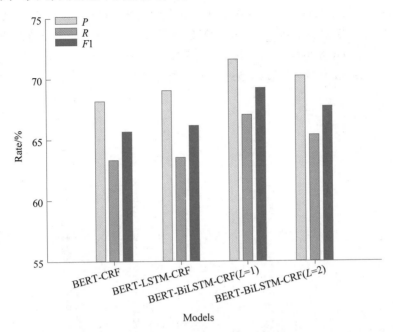

图 3-7　上下文特征编码对模型性能的影响

　　对 BiLSTM 模型进行堆叠可以形成深度 BiLSTM 网络,但从实验结果来看,当叠加 2 层 BiLSTM 时,模型的精确率 P 值和 $F1$ 值均有所下降,说明虽然深度 LSTM 网络具有较大的模型容量,但是模型会陷入局部最优解或过拟合问题。

　　3. 基于 GCN 模型的句法依存特征编码对模型性能的贡献评价

　　为了验证基于 GCN 模型的句法依存特征编码器对软件知识实体抽取任务的影响,我们选择 BERT-BiLSTM-CRF 模型为基线模型,对比实验了没有融合句法依存信息、融合句法依存信息情况下不同 GCN 模型叠加层数对软件知识实体抽取性能的影响,实验结果如表 3-8 和图 3-8 所示。

表 3-8　句法依存特征对模型性能的影响

模　　　型	$P/\%$	$R/\%$	$F1/\%$
BERT-BiLSTM-CRF	71.59	67.05	69.25
BERT-BiLSTM-GCN-CRF($L=1$)	73.14	67.49	70.21
BERT-BiLSTM-GCN-CRF($L=2$)	**73.77**	**69.23**	**71.43**
BERT-BiLSTM-GCN-CRF($L=3$)	71.32	68.42	69.84

从对比实验结果来看,融合句法依存特征后模型的 $F1$ 值都有所提升,说明句法依存特征有助于软件知识实体抽取任务的性能提升。同时,结果表明 GCN 的叠加层数为 2 时,模型的精确率 P 和 $F1$ 值最高,相比层数为 1 时模型的性能均得到提升;但是,当 GCN 的叠加层数为 3 时,模型的精确率 P 和 $F1$ 值均有所下降,说明 GCN 叠加层数增多会导致模型过拟合问题出现。

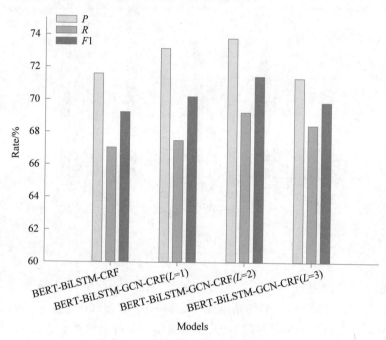

图 3-8　句法依存特征对模型性能的影响

4. 基于注意力权重的语义增强策略对模型性能的贡献评价

基于注意力权重的语义增强策略是从 BERT 预训练词向量和软件工程领域词库 SEthesaurus 中抽取相似词,并基于注意力机制对相似词的语义贡献进行权重分配,再通过加权求和得到单词的语义增强表示,从而缓解实体变体和无法识别未登录词问题。

例如,在模型训练过程中,通过基于注意力权重的语义增强策略,软件知识实体"centos"获得"rehel""debian""centos6"等语义相似词及其对应的语义贡献度。由图 3-9 可见,对于软件知识实体"centos"来说,实体"rehel"的语义贡献度最大,"centos6""rehel7"等实体变体也作为辅助资源对目标实体的语义表示具有相应贡献。因此,基于注意力权重的语义增强策略能缓解软件知识社区文本存在的实体变体问题,提升模型的领域适应性。

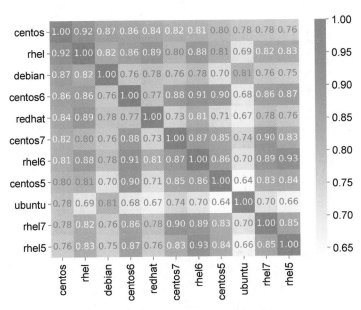

图 3-9　相似词及其语义贡献度示例

　　为了评价基于注意力权重的语义增强策略对软件知识实体抽取任务的性能贡献,我们选取 BiLSTM-CRF、BERT-BiLSTM-CRF、BERT-BiLSTM-GCN-CRF 等模型为基线模型进行对比实验,实验结果如表 3-9 和图 3-10 所示。

表 3-9　语义增强策略对模型性能的影响

模　　型	词特征	句法特征	语义增强	$P/\%$	$R/\%$	$F1/\%$
BiLSTM-CRF	×	×	×	67.74	60.15	63.72
BERT-BiLSTM-CRF	√	×	×	71.59	67.05	69.25
BERT-BiLSTM-GCN-CRF	√	√	×	73.77	69.23	71.43
AS-SNER	√	√	√	**76.87**	**71.58**	**74.13**

注:若模型使用相应的特征表示,则用符号"√"表示;否则,用符号"×"表示。

　　从对比实验结果来看,AS-SNER 模型引入基于注意力权重的语义增强策略后,模型的综合性能得到了提升,F1 值较其他三个模型分别提升了 10.41%、4.88%、2.7%,说明为句子序列的单词提供领域相关的相似词,并结合注意力机制分配不同的权重,能有效增强单词的语义表示信息,进而提升软件知识实体抽取效果。

　　为了探索基于注意力权重的语义增强策略对无法识别未登录词问题的影响,我们对 AS-SNER 模型的实体抽取结果进一步分析。软件工程领域标注数据集的

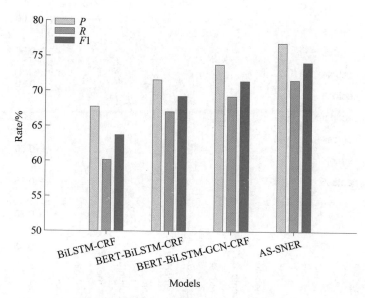

图 3-10　语义增强策略对模型性能的影响

训练集含有 20807 个软件知识实体,测试集含有 5917 个软件知识实体,其中,测试集含有 341 个未登录词。通过计算分析,各个模型对测试集中的未登录词进行识别的结果如表 3-10 所示。

表 3-10　未登录词的识别结果

模　　　型	P/%	R/%	F1/%
BiLSTM-CRF	41.63	35.41	38.27
BERT-BiLSTM-CRF	53.45	42.39	47.28
BERT-BiLSTM-GCN-CRF	52.19	45.87	48.83
AS-SNER	**58.47**	**59.48**	**58.97**

从结果来看,引入语义增强策略的 AS-SNER 模型的召回率 R 值均高于其他三个未融合语义增强策略的模型,在识别未登录词上具有较好的性能。说明基于注意力权重的语义增强策略通过融合语义相似词的向量表示,能增强实体的语义表示,有助于解决软件知识社区文本存在的无法识别未登录词的问题,进而缓解实体稀疏问题。

5. 模型训练对比分析

深度学习模型的训练过程是参数不断更新的过程,为了进一步了解模型的训练情况,选取了 BiLSTM-CRF、BERT-BiLSTM-CRF、BERT-BiLSTM-GCN-CRF

和 AttenSy-SNER 模型训练前 100 轮 Epoch 的过程数据进行了对比分析。各模型的 $F1$ 值和 Epoch 的关系如图 3-11 所示。

从如图 3-11 可知,没有利用 BERT 模型的 BiLSTM-CRF 模型,$F1$ 值从较低的初始值连续不断提升;其他三个利用 BERT 模型生成动态词向量的模型,$F1$ 值获得较高的初始值,并持续保持较高的水平。这也反映出利用 BERT 模型作为输入嵌入层的特征编码器,能有效提取软件知识社区文本特征,对软件知识实体抽取任务的性能具有重要贡献。

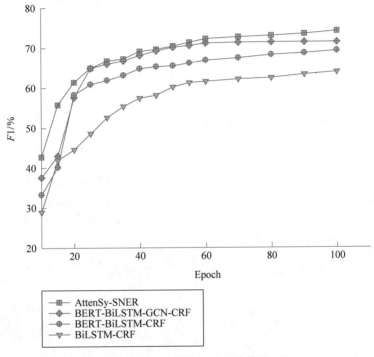

图 3-11　$F1$ 值和 Epoch 的关系

相比较其他模型,融入上下文语义特征、句法依存特征和领域实体语义增强的 AttenSy-SNER 模型,在初始阶段就能得到最高的 $F1$ 值,在第 40 轮 Epoch 时损失函数开始收敛,并持续保持最佳的 $F1$ 值状态。

3.5　本章小结

我们提出了一种基于多特征融合和语义增强的软件知识实体抽取方法,并以软件知识社区 StackOverflow 为例进行了实验与分析。实验结果表明,利用

BiLSTM 模型和 GCN 模型对句子序列的上下文特征和句法依存特征进行融合,能带来模型性能的提升。同时,通过基于注意力权重的实体语义增强策略能有效增强单词的语义表示信息,进而提升软件知识实体抽取效果。针对标注数据集缺乏的问题,基于软件知识社区 StackOverflow 的问答文本构建了涵盖 8 方面 40 个实体类型的软件工程领域标注数据集。

基于句法依赖度和实体感知的软件知识实体关系抽取方法

4.1 引言

第 3 章详细介绍了软件知识实体抽取任务,实现了从软件知识社区文本中识别、分类软件工程领域的知识实体,获得了大量语义信息丰富的软件知识实体。这些软件知识实体通过语义关系进行相互关联和链接,形成可以表征事实的关系三元组,进而组成规模庞大、语义完备的软件知识图谱。因此,准确、自动地抽取软件知识实体间蕴含的语义关系是至关重要的一步。

实体关系抽取的任务目标是从结构化、非结构化的数据源中抽取格式统一的实体关系,并将实体之间的语义关系和实体进行关联,从而促进知识图谱的自动构建[36]。从任务的内容定义来看,实体关系抽取任务可以分为命名实体识别、触发词识别和关系抽取三个子任务[37]。其中,命名实体识别任务主要关注抽取具有特定意义的实体词并按语义进行分类,触发词识别任务主要关注对触发实体间语义关系的词进行识别和分类,两者属于关系抽取的前置子任务。从任务的发展过程来看,实体关系抽取任务经历了早期基于规则和字典的方法、基于机器学习的方法和基于深度学习的方法三个主要阶段[38],逐渐从依赖人工特征提取的方法发展到自动特征表示学习的方法。

基于深度学习的实体关系抽取能有效利用模型的网络特性进行自动特征学习,避免了烦琐的人工特征提取,推进了信息抽取领域的发展。该类方法根据建模对象的不同分为基于序列的建模和基于依存关系的建模。其中,基于序列的建模方法将非结构化的文本建模为句子序列,并利用循环神经网络、长短期记忆网络等网络模型对句子序列进行特征学习,获取句子序列的语义表示;但由于序列模型的设计缺陷,对句子序列中长跨度关系建模的能力有限,关系抽取的性能有待提高。基于依存关系的建模方法利用卷积神经网络、图卷积神经网络等网络模型建模句子序列的句法依存特征,能捕获句子序列的全局句法依赖关系;但应用剪枝策略提取句子序列的句法信息会导致关键信息丢失,带来解析精度下降的问题,从而影响实体关系抽取的质量。

针对软件知识实体存在的语义特征弱、语义关系模糊和依存关系特征建模存在的欠剪枝或过剪枝问题,我们提出一种基于句法依赖度和实体感知的软件知识实体关系抽取方法。一方面,从句法依存关系特征建模的角度对传统 GCN 模型进行扩展,获取句子序列的句法依存特征增强表示;另一方面,从实体特征融合的角度提出一种基于实体感知的特征融合方法,获取领域实体特征和句子序列特征的增强表示,以缓解软件知识实体语义特征弱、语义关系模糊问题。具体地,我们的主要工作如下:

(1)提出一种结合双向门控循环单元(Bidirectional Gate Recurrent Unit,BiGRU)模型和权重图卷积网络的混合神经网络模型,实现上下文特征、句法依存特征和实体信息的增强表示。

(2)结合实体的类型和位置信息,在模型的特征增强层提出一种基于实体感知的特征增强方法,获取领域实体特征和句子序列特征的增强表示。

(3)针对软件工程领域缺乏标注数据集的问题,基于软件知识社区 StackOverflow 构建涵盖 5 个预定义关系类型的软件工程领域实体关系标注数据集。

4.2 相关工作

在软件工程领域,Zhu 等[128]把软件知识社区的标签作为软件工程领域的词汇表,通过提取词汇特征、词共现特征和主题特征,利用半监督学习方法,识别标签之间的包容关系。Zhao 等[14]结合依存关系分析和基于规则的方法提出了一个软件工程领域的关系三元组抽取框架 HDSKG,该框架利用支持向量机作为分类器,评价候选关系三元组的领域相关性,并结合文本特征、语料特征、概念特征和来源特征,构建了一个涵盖 35279 个关系三元组、44800 个概念和 9660 个动词短语的软件工程知识图谱。Guo 等[129]针对 HDSKG 框架没有充分考虑软件工程领域中实体概念和术语短语特征的问题提出了一种面向软件工程领域的 WiKi 页面抽取策略。李文鹏等[130]以软件知识复用为目标,针对开源软件项目的源代码、邮件列表、缺陷报告和问答文档资源提出了一种构建软件知识实体关联关系的方法,并设计与实现了一个面向开源软件项目的知识图谱构建工具。Sun[131]等设计了一种开放式信息抽取技术,从软件知识社区 StackOverflow 的编程任务教程中抽取任务活动、活动属性和活动关系的候选项,生成面向编程任务的知识图谱 TaskKG,实现了以活动为中心的编程知识搜索。Han 等[132]将常见的软件弱点及其关系表示为知识图谱,并提出一种基于平移、包含描述的知识表示学习方法,将知识图中的软件弱点及其关系嵌入语义向量空间中,用于知识获取和推理。为了从异构和多样化的编程平台 Scratch 数据中挖掘有价值信息,Qi 等[133]提出了一个构建 Scratch 领域知识图谱的框架:对于网页数据,设计了一个基于模板的包装器方法从半结构化数据中提取知识三元组;对于用户档案数据,通过改进 DeepDive 方法,提出了二次标注算法来提取知识三元组;对于项目数据,提出了一种关键字提取方法来抽取关键字三元组;对于编程知识点数据,设计了一种频繁连续的块组合挖掘算法来提取 Scratch 的潜在领域信息。

　　Bug 报告中的文本通常采用自由风格的形式,包含许多噪声信息。为了从 Bug 报告中提取丰富的语义和关系,Chen 等[134]提出一种将循环神经网络与依赖解析器相结合的方法,从 Bug 报告中自动提取 Bug 实体及其语义关系。为了从实体识别和关系抽取两个角度提取 Bug 报告中的有效知识,Li 等[135]定义了 8 种 Bug 实体间的语义关系,并结合循环神经网络和基于最短依赖路径的 RNN 来自动识别 Bug 报告中的 Bug 实体及其语义关系。

　　在分析学生学习编程的实际需求的基础上,Liu[136]构建了一个编程知识图谱:首先从多个数据源中获取学生的学习需求,构建本体模型;然后通过爬虫等方法收集大量的半结构化和非结构化数据,并利用 BiLSTM＋CRF 模型来识别编程实体和关系;最后将所有编程实体和关系存储在 Neo4j 数据库中,并用 Cypher 查询语言对编程知识图进行评估。Jiao 等[137]从创新教学内容呈现方式、提供学习兴趣和拓展教学资源的角度出发,基于 Neo4j 图数据库和交互式图形框架构建了 Python 知识图谱,使得 Python 学习更具吸引力和更具个性化,从而解决信息过载和被动学习的问题。

4.3　模型与方法

4.3.1　任务建模与方法分析

　　我们所指的软件知识实体关系抽取是在实体识别的基础上,根据预先定义的关系类型,从非结构化的软件知识社区文本中自动识别和抽取实体之间的语义关系,可以建模为关系分类问题。因此,软件知识实体关系抽取任务可以形式化定义为一个 5 元组 $SRE=(X,E,Y_r,\varepsilon,NA)$,其中:

　　$X=(x_1,x_2,\cdots,x_n)$ 为软件知识社区文本的句子序列;

　　$E=(e_1,e_2,\cdots,e_{|E|})$ 为已识别的实体集合;

$Y_r(e_i,e_j)\in\varepsilon\bigcup\{NA\}$ 为预测软件知识实体对 (e_i,e_j) 语义关系的函数,并产生软件知识实体关系集合 $R=(r_1,r_2,\cdots,r_{|R|})$,

$e_i,e_j\in E$;ε 为预定义的关系类型集合;

NA 表示没有语义关系。

例如,对于已标注软件知识实体的软件知识社区文本的句子序列"$\langle e_1\rangle$ *GetHashCode* $\langle/e_1\rangle$ *is method of base Object class of* $\langle e_2\rangle$. *Net Framework* $\langle/e_2\rangle$.",软件知识实体关系抽取任务的目标是在已识别实体对 (e_1,e_2) 的基础上,预测出实体"*GetHashCode*"和实体".*Net Framework*"之间存在语义关系"inclusion",从而获得软件知识实体关系三元组 $\langle e_1,r_{12},e_2\rangle$。

结合以上任务目标,我们提出一个基于句法依赖度和实体感知的软件知识实体关系抽取模型 ED-SRE,其由输入嵌入层、上下文编码层、依存特征编码层、特征增强层和实体关系分类层组成,模型整体架构如图 4-1 所示。ED-SRE 模型中各层的主要功能如下:

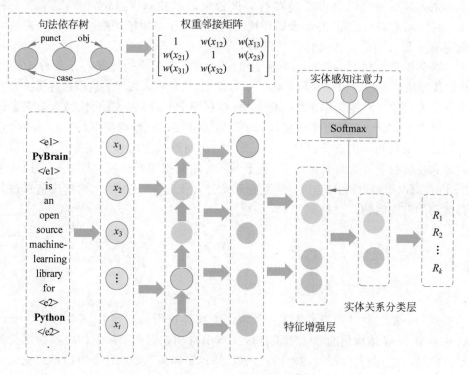

图 4-1　ED-SRE 模型整体架构图

在输入嵌入层,通过融合句子序列的词向量特征、词性标注特征和实体信息,获取输入句子序列的多特征表示。

在上下文编码层,使用 BiGRU 模型构建特征编码器,对句子序列的上下文特征进行编码,获取句子序列的上下文特征表示。

在句法依存特征编码层,提出一个基于牛顿冷却定律的权重 GCN 模型对句子序列的句法依存关系进行建模,获取句子序列的句法依存特征增强表示,从而缓解噪声传播问题。

在特征增强层,提出一个基于实体感知的特征增强方法,对实体特征表示和句子序列特征表示进行融合,获取实体特征和句子序列特征的增强表示,以缓解软件知识实体语义特征弱、语义关系模糊问题。

在实体关系分类层,使用 Softmax 函数对关系类型进行概率预测,实现软件知识实体关系分类。

4.3.2　输入嵌入层

区别于机器翻译、语言理解、文本挖掘等自然语言处理任务,充分捕获句子序列的语义特征和实体信息将有助于提升软件知识实体关系抽取的性能。句子序列的语义特征主要包括词向量特征和词性标注特征,实体信息主要包括实体类型特征和实体位置特征。我们参考相关研究工作[138]对句子序列的语义特征和实体信息进行多特征融合,获取模型更好的输入特征表示。具体内容如下:

(1) 词向量特征表示。软件知识社区文本具有显著的社会化、领域性特征,一词多义问题突出,为了获取不同语境下句子序列的动态词向量表示,从而提升软件知识实体关系抽取的性能,我们利用第 3 章已构建的面向软件工程领域的精调预训练语言模型 SWBERT 作为输入特征表示的一部分。具体地,在软件知识实体关系抽取模型 ED-SRE 的训练过程中,输入句子序列的第 t 时刻单词通过查询软件工程领域精调预训练语言模型 SWBERT 的词向量表,获得该单词对应的词向量表示,记为 w_t^{emb}。

(2) 词性标注特征。利用词性标注工具(如 StanfordCoreNLP 工具)对软件知识社区文本的句子序列进行词性分析,得到每个单词的词性标注信息,则第 t 时刻单词的词性标注特征向量表示为 w_t^{pos}。

(3) 实体信息。为了增强句子序列的实体信息表示,将软件知识实体的类型映射为 k 维嵌入向量,则实体对 (e_s, e_o) 的类型特征向量表示为 $[e_s^{\mathrm{typ}}; e_o^{\mathrm{typ}}]$。同样,将实体位置特征映射为 k 维距离向量,表示为 $[p_t^{e_s}; p_t^{e_o}]$。由此,单词的实体信息特征向量表示为 $w_t^{\mathrm{ent}} = [e_s^{\mathrm{typ}}; e_o^{\mathrm{typ}}; p_t^{e_s}; p_t^{e_o}]$。

将上述词向量、词性标注、实体信息进行多特征融合,得到软件知识实体关系抽取模型的输入特征表示为

$$\text{In}_t = [\boldsymbol{w}_t^{\text{emb}}; \boldsymbol{w}_t^{\text{pos}}; \boldsymbol{w}_t^{\text{ent}}] \tag{4.1}$$

4.3.3 上下文编码层

由 Cho 等[139]提出的门控循环单元(GRU)网络,通过引入门控机制对信息的更新进行控制,相较于 LSTM 模型,具有结构简单、模型参数少和训练速度快等优点。GRU 网络的循环单元结构如图 4-2 所示。

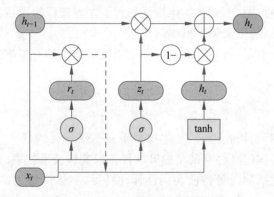

图 4-2　GRU 网络的循环单元结构

由图 4-2 可知,GRU 网络在 LSTM 模型的基础上进行精简,通过重置门 r_t 和更新门 z_t 决策是否丢弃或保留上一时刻的隐层状态信息。模型 t 时刻的形式化表示如下[139]:

$$r_t = \sigma(\boldsymbol{W}_{xr} x_t + \boldsymbol{W}_{hr} \boldsymbol{h}_{t-1} + b_r) \tag{4.2}$$

$$z_t = \sigma(\boldsymbol{W}_{xz} x_t + \boldsymbol{W}_{hz} \boldsymbol{h}_{t-1} + b_z) \tag{4.3}$$

$$\tilde{\boldsymbol{h}}_t = \tanh(\boldsymbol{W}_{xh} x_t + \boldsymbol{W}_{hh} (r_t \odot \boldsymbol{h}_{t-1}) + b_h) \tag{4.4}$$

$$\boldsymbol{h}_t = z_t \odot \boldsymbol{h}_{t-1} + (1 - z_t) \odot \tilde{\boldsymbol{h}}_t \tag{4.5}$$

式中:σ 和 tanh 表示非线性激活函数;$\boldsymbol{W}$ 表示权重矩阵;b 表示偏置项;"$\odot$"表示矩阵点乘;r_t 表示重置门状态;z_t 表示更新门状态;n 表示细胞单元的个数;$\tilde{\boldsymbol{h}}_t$ 表示候选隐层状态向量;$\boldsymbol{h}_t$ 为隐层状态向量。

由上述 GRU 网络在 t 时刻的句子序列处理过程可知,单向 GRU 网络通过重置门 r_t 和更新门 z_t 的状态捕获当前句子序列的历史信息(即上文信息),但缺乏未来信息(即下文信息),而下文信息对软件知识实体关系抽取任务同样具有重要作用。所以,为了充分捕获句子序列的上下文语义表示,利用两个方向相反的 GRU

网络构建一个双向 GRU 模型,对正、反两个方向的模型输出结果进行拼接,可以更好地捕获当前 t 时刻句子序列的上下文信息。双向 GRU 模型结构如图 4-3 所示。

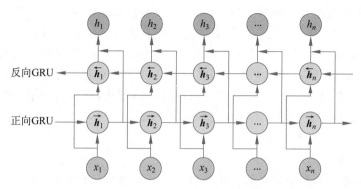

图 4-3 双向 GRU 模型结构

双向 GRU 模型的计算过程如下:

在模型的 t 时刻,正向 GRU 的隐层状态的输出表示为

$$\overrightarrow{\boldsymbol{h}}_t = \text{GRU}(x_t, \overrightarrow{\boldsymbol{h}}_{t-1}) \tag{4.6}$$

式中:$\overrightarrow{\boldsymbol{h}}_t$ 表示 t 时刻的输出;x_t 表示 t 时刻的输入;$\overrightarrow{\boldsymbol{h}}_{t-1}$ 表示 $t-1$ 时刻的隐层状态。反向 GRU 的隐层状态的输出表示为

$$\overleftarrow{\boldsymbol{h}}_t = \text{GRU}(x_t, \overleftarrow{\boldsymbol{h}}_{t+1}) \tag{4.7}$$

式中:$\overleftarrow{\boldsymbol{h}}_t$ 表示 t 时刻的输出;x_t 表示 t 时刻的输入;$\overleftarrow{\boldsymbol{h}}_{t+1}$ 表示 $t+1$ 时刻的隐层状态。

因此,双向 GRU 模型在 t 时刻的总输出为

$$\boldsymbol{h}_t = [\overrightarrow{\boldsymbol{h}}_t ; \overleftarrow{\boldsymbol{h}}_t] \tag{4.8}$$

4.3.4 句法依存特征编码层

句法依存特征作为句子序列重要的结构信息,广泛应用在文本挖掘领域,获取句子序列的句法依存特征将有助于提升实体关系抽取任务的性能和质量[140,141]。软件知识社区文本中存在大量拼写错误或语法不规范产生的噪声词以及由多个专业词汇构成的短语实体,导致软件知识实体关系抽取面临噪声传播和长距离依赖关系建模的挑战。因此,在面向软件知识社区文本的实体关系抽取过程中,不仅需要捕获句子序列的上下文语义特征,还需要挖掘句子序列的句法依存特征。

BiGRU 模型能有效捕获句子序列的上下文信息,但是由于网络结构的设计缺陷,对句子序列的长距离依赖信息的捕获能力有限。图卷积神经网络作为一种处理图结构数据的模型,将句子序列的单词及其依存关系按图节点及边进行建模,捕

获单词间的依赖关系,被证实能有效缓解长距离依赖问题,从而改善分类任务的效果[90],逐渐应用于自然语言处理领域的关系抽取任务[142]。

在基于图卷积神经网络对句法依存关系进行建模的过程中,现有的研究工作应用剪枝策略过滤句子序列中的噪声词,构建能反映句法结构特征的最短依赖路径,取得了一定效果;但是会导致某些关键信息丢失,造成下游任务的性能下降。因此,为了更好地度量句子序列中单词间的句法依赖关系,解决剪枝策略产生的问题,我们通过计算节点间的句法依赖度,提出一个基于牛顿冷却定律的权重图卷积神经网络对句子序列的句法依存关系进行建模的方法,获取句子序列的句法依存特征增强表示,主要包括句法依存关系分析、权重邻接矩阵构建和依存特征增强表示三个步骤,具体过程如下。

1. 句法依存关系分析

句法依存关系分析是在句法层面对句子序列进行结构分析,能准确反映句子序列中单词间的句法依赖度。因此,沿用第 3 章的方法对软件知识社区文本的句子序列进行句法依存关系分析,并以句法依存关系树进行示例说明。

例如,输入句子序列"*GetHashCode is method of base Object class of . Net Framework.*",其对应的句法依存关系树,如图 4-4 所示。

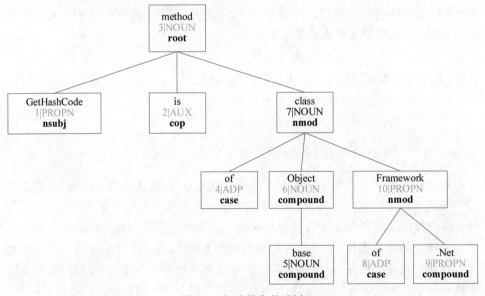

图 4-4　句法依存关系树

由图 4-4 可知,如果节点之间存在直接边,就表示节点之间的距离较小,从而单词之间的句法依赖度较高;如果节点之间存在多跳的间接边,就表示节点之间的距离较大,从而单词之间的句法依赖度较低,并随着距离增大呈衰减趋势。

2. 权重邻接矩阵构建

为了度量句子序列中单词间的句法依赖度,避免噪声词或关键信息丢失对特征提取的影响,在获得句子序列的句法依存关系树后,根据节点间的距离计算节点间句法依赖的权重系数,为句法依存关系树的所有边分配权重,并通过构建带权重的邻接矩阵 $\hat{A}$,将原始句法依存关系树转换为对应的句法依存图。带权重的邻接矩阵构建方法如算法 4-1 所示。

算法 4-1 构建权重邻接矩阵

Input: 句子序列的句法依存关系树, V 为节点集, N 为节点的个数

Output: 带权重的邻接矩阵 $\hat{A}$

1.　　**Begin**
2.　　　　Set $\hat{A}_{ij}=0$;　　　　　　　　　　　　//初始化邻接矩阵
3.　　　　**for** each node i from V **do**
4.　　　　　**for** each node j from V **do**
5.　　　　　　**if** $j=i$ **then**
6.　　　　　　　Set $\hat{A}_{ij}=1$;　　　　　　　　　//每个节点添加一个自循环
7.　　　　　　**else**
8.　　　　　　　计算节点 i 和节点 j 之间的距离
9.　　　　　　　根据权重函数 Weight(d)设置节点 i 和 j 之间的权重 //式(4.9)~式(4.10)
10.　　　　　　**endif**
11.　　　　　**endfor**
12.　　　　返回权重邻接矩阵 $\hat{A}$
13.　　　**endfor**
14.　　**End**

由算法 4-1 可知,算法的输入为原始的句法依存关系树,算法的输出为权重邻接矩阵 $\hat{A}$, i 和 j 为句法依存树的节点。当 $i=j$ 时,为每个节点添加一个自循环,即 $\hat{A}_{ii}=1$;当 $i\neq j$ 时,则计算节点间的权重。权重的计算过程如下:

(1) 根据节点间边的数量计算节点间的距离。

(2) 通过权重函数 Weight(d)确定节点间句法依赖的权重系数。由于节点间的句法依赖度随着距离增加呈指数衰减,我们借鉴牛顿冷却定律的思想,计算不同节点间的句法依赖度,即权重。因此,权重函数 Weight(d)的计算如下:

$$\text{Weight}(d)=\frac{\theta_{\text{init}}}{e^{\lambda(d-1)}} \tag{4.9}$$

$$\lambda = \frac{1}{n}\ln\frac{\theta_{\text{init}}}{\theta_{\text{end}}} \tag{4.10}$$

式中：θ_{init} 表示当前节点的初始权重,设为 1；θ_{end} 表示初始权重随着节点间距离增加衰减到最终的权重,设为 $\frac{1}{n}$,n 为节点的个数。

3. 依存特征增强表示

给定图卷积神经网络 $G=(V,E,A)$,其中：V 表示节点,即句子序列中的所有单词；E 表示边,即节点之间的关系；A 表示邻接矩阵。在获得刻画节点间句法依赖度的权重邻接矩阵 $\hat{A}$ 后,对 GCN 的节点特征输出公式进行更新。由此,对于一个 L 层的权重 GCN,节点 i 通过图卷积操作聚合该节点自身及其相邻节点的特征,其节点输出表示为

$$h_i^l = \sigma(\widetilde{\boldsymbol{D}}^{-\frac{1}{2}}\widetilde{\boldsymbol{A}}\widetilde{\boldsymbol{D}}^{-\frac{1}{2}}h_i^{l-1}\boldsymbol{W}) \tag{4.11}$$

式中：σ 为非线性激活函数；$\hat{A}$ 为添加自循环的权重邻接矩阵,$\widetilde{\boldsymbol{A}}=\boldsymbol{A}+\boldsymbol{I}$；$\widetilde{\boldsymbol{D}}$ 为 $\hat{A}$ 对应的度矩阵；h_i^{l-1} 为第 l 层节点的输入；h_i^l 为第 l 层节点的输出；$\boldsymbol{W}$ 为权重矩阵。

4.3.5 特征增强层

对于关系抽取任务来说,句子序列的上下文信息和实体信息是最为关键的特征,对关系抽取的性能提升具有重要作用[143,144]。因此,在软件知识实体关系抽取模型 ED-SRE 的特征增强层,我们提出一种基于实体感知的特征增强方法,利用注意力机制,让模型在关系分类过程中充分关注、利用实体的类型、位置等信息,以缓解软件知识实体语义特征弱、语义关系模糊问题,进而提升软件知识实体关系抽取模型的预测性能。基于实体感知的特征增强表示方法可以描述为算法 4-2。

算法 4-2　基于实体感知的特征增强表示

Input：软件知识社区文本的句子序列 $X=(x_1,x_2,\cdots,x_n)$
Output：句子序列 X 经过特征增强后的向量表示

1. **Begin**	
2. 获取句子序列 X 经权重 GCN 模型编码后的向量表示	//式(4.11)
3. **for** x_i from X **do**	
4. 计算单词 x_i 相对于句子序列的权重	//式(4.12)
5. 获取句子序列的增强特征表示 H'	//式(4.13)
6. **endfor**	
7. 分别对 H'、头实体 h_s 和尾实体 h_o 进行池化操作	//式(4.14)～式(4.16)
8. 对池化后的向量进行拼接,得到句子序列最终向量表示	
9. **End**	

根据算法 4-2,基于实体感知的特征增强表示过程如下:

(1) 对于输入的软件知识社区文本的句子序列 $X=(x_1,x_2,\cdots,x_n)$,获取经过 L 层权重 GCN 模型后的输出 $\boldsymbol{H}^l=(h_1^l,h_2^l,\cdots,h_n^l)$,则在模型 t 时刻,每个单词 $x_i \in X$ 的特征向量表示 w_i^{ent} 已融合了实体类型和位置信息,其相对于句子序列的权重为

$$a_i = \frac{\exp(\boldsymbol{H}^l \cdot \boldsymbol{w}_t^{\text{ent}})}{\sum\limits_{j=1}^{n} \exp(\boldsymbol{H}^l \cdot \boldsymbol{w}_j^{\text{ent}})} \qquad (4.12)$$

(2) 采用加权求和得到句子序列的增强特征表示为

$$\boldsymbol{H}' = \sum_{i=1}^{n} a_i \cdot \boldsymbol{h}_i \qquad (4.13)$$

(3) 在软件知识实体关系抽取模型 ED-SRE 的特征融合层,除了句子序列的特征向量表示 $\boldsymbol{H}'$ 之外,融合了句子序列的头实体和尾实体的特征向量表示,获得句子序列的特征融合向量表示 $\boldsymbol{H}_{\text{fusion}}$:

$$\boldsymbol{h}_s' = \eta(\boldsymbol{h}_s) \qquad (4.14)$$

$$\boldsymbol{h}_o' = \eta(\boldsymbol{h}_o) \qquad (4.15)$$

$$\boldsymbol{H}'' = \eta(\boldsymbol{H}') \qquad (4.16)$$

$$\boldsymbol{H}_{\text{fusion}} = [\boldsymbol{H}''; \boldsymbol{h}_s'; \boldsymbol{h}_o'] \qquad (4.17)$$

式中: $\boldsymbol{h}_s$ 是头实体的特征向量表示; $\boldsymbol{h}_o$ 是尾实体的特征向量表示; η 是最大池化函数,分别对句子序列、头实体和尾实体的特征向量进行池化操作。

4.3.6　实体关系分类层

在软件知识实体关系抽取模型 ED-SRE 的关系分类模块,应用多层感知器(Multi-Layer Perceptron, MLP)获得句子序列的最终向量表示 $\boldsymbol{H}_{\text{sent}}$,并通过 Softmax 分类器对句子序列的关系类型进行概率预测,从而实现软件知识实体关系分类。计算过程如下:

$$\boldsymbol{H}_{\text{sent}} = \text{MLP}(\boldsymbol{H}_{\text{fusion}}) \qquad (4.18)$$

$$p(Y \mid X) = \text{Softmax}(\boldsymbol{W}_f \boldsymbol{H}_{\text{sent}} + b_f) \qquad (4.19)$$

式中: Y 表示预定义的关系类型集合; X 表示句子序列; $\boldsymbol{W}_f$ 表示权重矩阵; b_f 表示偏置项。

至此,上述基于句法依赖度和实体感知的软件知识实体关系抽取方法可以描述为算法 4-3。

算法 4-3　　基于句法依赖度和实体感知的软件知识实体关系抽取方法

Input: 软件知识社区文本的句子序列 $X = (x_1, x_2, \cdots, x_n)$
Output: 软件知识实体关系三元组

  1.　　**Begin**
  2.　　　**for** each epoch **do**
  3.　　　　**for** each batch **do**
  4.　　　　　通过 SWBERT 生成句子序列 X 的词向量表示
  5.　　　　　获取单词的词性标注信息并映射为向量表示
  6.　　　　　获取实体信息特征向量表示
  7.　　　　　得到句子向量多特征融合向量表示　　　　　　//式(4.1)
  8.　　　　　通过 BiGRU 生成句子序列上下文向量表示　　//式(4.2)~式(4.8)
  9.　　　　　获取句子序列的句法依存关系树
 10.　　　　　调用算法 4-1 构建带权重的邻接矩阵
 11.　　　　　通过 GCN 获取句子序列的句法依存特征增强表示 //式(4.11)
 12.　　　　　调用算法 4-2 获取句子序列的特征增强表示
 13.　　　　　通过 MLP 和 Softmax 分类器进行关系预测　　//式(4.18)、式(4.19)
 14.　　　　**endfor**
 15.　　　返回软件知识实体关系三元组
 16.　　**endfor**
 17.　　**End**

4.4　实验与分析

为验证我们所提出的基于软件知识社区文本的软件知识实体关系抽取方法的实际效果,以软件知识社区 StackOverflow 为例进行实验与分析,并通过模型对比实验和模型消融实验对模型性能进行分析和评价。本章实验的软件环境和硬件环境与第 3 章保持一致。

4.4.1　数据集构建

在软件知识社区 StackOverflow 的问答文本中,用户会根据所提问题的知识领域标记 1~5 个标签,标签蕴含着该问题所涉及的软件知识领域信息。相较于问答文本,tagWiki 是用于描述软件知识社区 StackOverflow 中各类标签的定义及其相关资源的文本,具有良好的文本规范性和领域知识完整性。因此,为了验证软件知识实体关系抽取模型 ED-SRE 的性能,我们基于软件知识社区 StackOverflow的问答文本和 tagWiki 文本构建软件知识实体关系抽取所需的标注数据集。具体构建过程如下:

首先根据标签的热度排名,随机选择 tagWiki 和问答文本中 48 个标签及其对应的文本内容,并通过自然语言处理技术得到 19013 个软件知识领域的句子作为语料库。同时,结合软件知识实体的分类体系和相关工作[11,59],得到 use、inclusion、brother、consensus 和 semantic 五个预定义的软件知识实体关系类型,具体信息如表 4-1 所示。

表 4-1　软件知识实体关系类型

关系类型	含义	实例	简写
use	使用关系	Windows 10,Cortana	use
inclusion	包含关系	Python,PyBrain	inc
brother	兄弟关系	C,Java	bro
consensus	同义关系	JavaScript,JS	con
semantic	其他语义关系	Azure Virtual Network,VPN	sem

然后采用 brat 标注工具对软件知识实体关系语料进行标注,数据标注小组由 10 个具有软件工程领域背景的教师、软件开发人员、研究生、本科生组成,经过 5 轮交叉验证得到软件知识实体关系抽取标注数据集。为保证模型实验结果科学合理,软件知识实体关系抽取标注数据集按 7:1:2 的比例划分为训练集、验证集和测试集,用于软件知识实体关系抽取任务的训练和测试,见表 4-2。

表 4-2　数据集详细信息

关系类型	训练集	验证集	测试集	合计
use	3582	509	1031	5122
inclusion	5111	736	1469	7316
brother	3797	532	1107	5436
consensus	4170	601	1167	5938
semantic	971	127	273	1371

4.4.2　超参数设置

在软件知识实体关系抽取模型 ED-SRE 的训练过程中,输入嵌入层的预训练词向量维度设置为 768 维,上下文编码层的 BiGRU 隐层状态的单元数设置为 200,GCN 设置为 1～3 层,采用 Categorical Cross Entropy 作为模型的损失函数,Adam 作为优化器,初始学习率设为 $5e-5$。同时,采用 L2 正则化和 dropout 机制防止模型训练过拟合。模型相关超参数设置如表 4-3 所示。

表 4-3　模型超参数设置

参 数 名 称	参 数 值
Word embedding dimension	768
BiGRU state size	200
GCN layer	1~3
Batch size	50
Num_epoch	200
Optimizer	Adam
Dropout	0.5
Learningrate	5e−5

4.4.3　对比实验结果与分析

为了验证我们提出的软件知识实体关系抽取模型 ED-SRE 的性能,分别从基于序列的方法、基于注意力机制的方法和基于句法依存关系的方法,选取三个经典的关系抽取模型作为基线方法进行对比实验,实验数据采用我们构建的软件知识实体关系抽取标注数据集。三个基线模型分别如下:

BiLSTM-Position 模型[145] 是基于序列建模的关系抽取方法。该方法在双向 LSTM 模型的基础上引入最大池化特征聚合和实体位置敏感的方法进行通用领域关系抽取。

BiLSTM-Attention 模型[146] 是基于注意力机制的关系抽取方法。该方法在仅利用词向量特征的情况下,通过在双向 LSTM 层引入注意力机制进行通用领域的关系抽取。

CNN 模型[147] 是基于句法依存关系的关系抽取方法。该方法将卷积神经网络 CNN 应用到关系抽取任务,通过多窗口过滤器自动学习句子序列的特征,实现通用领域的关系抽取。

ED-SRE 模型与以上三个基线模型的对比实验结果如表 4-4 和图 4-5 所示。

表 4-4　关系抽取结果对比

模　　型	P/%	R/%	F1/%
BiLSTM-Position	64.42	63.40	63.91
BiLSTM-Attention	65.21	63.08	64.13
CNN	64.47	62.96	63.71
ED-SRE	**78.28**	**71.74**	**74.87**

从模型对比实验结果可知,软件知识实体关系抽取模型 ED-SRE 的 F1 值均

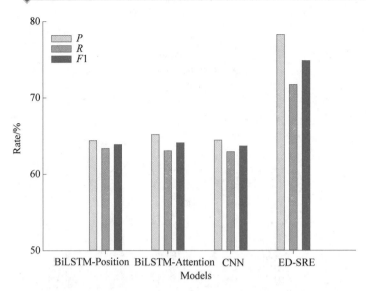

图 4-5　关系抽取结果对比

高于三个基线模型。与基于序列建模方法的 BiLSTM-Position 模型相比较,软件知识实体关系抽取模型 ED-SRE 的精确率 P 值和 $F1$ 值分别提升了 13.86% 和 10.96%。与基于注意力机制的 BiLSTM-Attention 模型相比较,软件知识实体关系抽取模型 ED-SRE 的精确率 P 值和 $F1$ 值分别提升了 13.07% 和 10.74%。与基于句法依存关系的 CNN 模型相比较,软件知识实体关系抽取模型 ED-SRE 的精确率 P 值和 $F1$ 值分别提升了 13.81% 和 11.16%。

模型的性能对比结果表明,基于句法依赖度和实体感知的软件知识实体关系抽取方法通过融合句子序列的实体信息和句法依存结构信息,获取实体特征和句子序列特征的增强表示,有助于缓解软件知识实体语义特征弱、语义关系模糊问题和句法依存关系特征提取时欠剪枝或过剪枝策略导致的噪声词或关键信息丢失问题,进而提升软件知识实体关系抽取任务的性能。

同时,我们就上述模型在每个预定义软件知识实体关系类型的分类性能进行了对比分析,结果如表 4-5 和图 4-6 所示。

表 4-5　各关系类型的抽取结果($F1$ 值)　　　　　　单位:%

模　　型	use	inclusion	brother	consensus	semantic
BiLSTM-Position	65.73	67.54	62.75	66.82	56.69
BiLSTM-Attention	62.08	70.46	62.83	67.58	57.72
CNN	61.36	69.25	63.73	64.84	59.36
ED-SRE	69.23	**84.35**	75.58	79.63	65.57

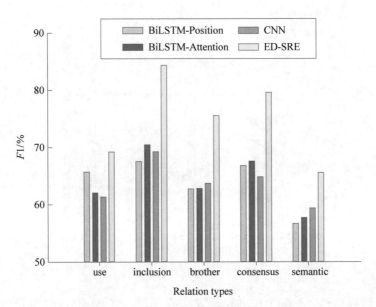

图 4-6   各关系类型的抽取结果($F1$ 值)

从对比结果来看,我们所提出的软件知识实体关系抽取模型 ED-SRE 在各个关系类型上的性能都优于其他对比模型,并在 inclusion 关系类型上取得最高的 $F1$ 值。同时,各个模型在 inclusion、consensus、brother 等关系类型上都有较好的性能,但在 semantic 关系类型上出现了最低值。其原因是 semantic 关系类型表示其他语义关系,且该关系类型的实例相对较少,影响了关系预测的准确性。

4.4.4   消融实验结果与分析

为了进一步验证软件知识实体关系抽取模型 ED-SRE 各模块的有效性,我们对模型的各个组件进行消融实验。在消融实验的过程中,为保证实验结果的公平性,选取 BiGRU 作为基准模型,同时各模型参数保持相同的设置。

1. 句法依存特征表示对模型性能的贡献评价

我们在句法依存关系分析的基础上,引入 GCN 模型对句子序列的句法依存特征进行建模,并结合节点间的距离和牛顿冷却定律对邻接矩阵赋予不同权重,实现节点间的句法依赖性增强表示。为此,以 BiGRU 网络为基线模型,对比实验了引入 GCN 模型和权重 GCN 模型后模型的抽取性能,实验结果如表 4-6 和图 4-7 所示。

表 4-6　句法依存特征对模型性能的影响

模　　　型	$P/\%$	$R/\%$	$F1/\%$
BiGRU	63.51	61.46	62.47
BiGRU-GCN	69.83	62.23	65.36
BiGRU-WGCN($L=1$)	70.35	65.54	67.86
BiGRU-WGCN($L=2$)	**72.17**	**67.43**	**69.72**
BiGRU-WGCN($L=3$)	71.14	66.72	68.86

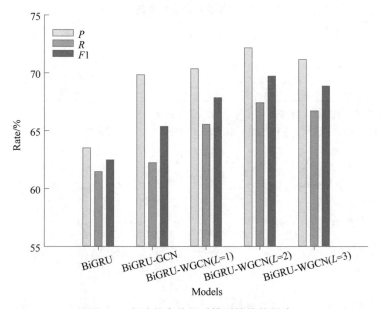

图 4-7　句法依存特征对模型性能的影响

从实验结果来看,引入句子序列的句法依存特征后,BiGRU-GCN 模型相较于基准模型 BiGRU 的 $F1$ 值提升了 2.89%,说明句法依存特征有助于软件知识实体关系抽取任务的性能提升。在 BiGRU-GCN 模型的基础上,利用权重函数为节点间的边赋予不同权重后,模型的 $F1$ 值提升了 2.5%,说明基于牛顿冷却定律的权重分配能更好地获取单词间的句法依存特征表示,有助于提升软件知识实体关系预测的准确性。

同时,对比实验结果表明权重 GCN 的叠加层数为 2 时,模型的精确率 P 和 $F1$ 值最高,相比层数为 1 时模型的性能均得到提升;但是,当权重 GCN 的叠加层数为 3 时,模型的精确率 P 和 $F1$ 值有所下降,说明 GCN 模型叠加层数增多会出现模型过拟合问题。

2. 实体感知对模型性能的贡献评价

我们在软件知识实体关系抽取模型 ED-SRE 的特征融合层,结合实体的类型和位置信息,引入实体感知的特征融合方法,对实体特征表示和句子序列特征表示进行融合,用以增强实体、句子序列的特征表示。为了评价实体感知机制对软件知识实体关系抽取任务的性能贡献,分别从词向量特征、句法依存特征、实体特征三方面,选取 BiGRU 模型、BiGRU-WGCN(L=2)模型和软件知识实体关系抽取模型 ED-SRE 进行对比实验,实验结果如表 4-7 和图 4-8 所示。

表 4-7   实体感知对模型性能的影响

模 型 名 称	词特征	句法依存特征	实体特征	P/%	R/%	$F1$/%
BiGRU	×	×	×	63.51	61.46	62.47
BiGRU-WGCN(L=2)	√	√	×	72.17	67.43	69.72
ED-SRE	√	√	√	**78.28**	**71.74**	**74.87**

注:1. 若模型使用相应的特征,则用符号"√"表示;否则,用符号"×"表示。
2. "词特征"项表示模型是否利用面向软件知识领域的 BERT 模型提取词向量。

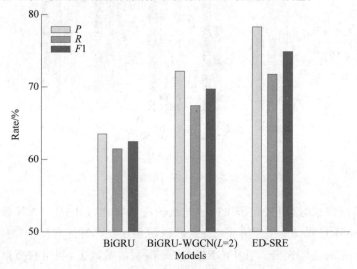

图 4-8   实体感知对模型性能的影响

从实验结果来看,引入实体感知的特征融合方法后,ED-SRE 模型综合性能得到了提升,$F1$ 值较其他两个模型分别提升了 5.15% 和 12.4%,说明提取句子序列中的实体信息,并结合注意力机制分配不同的权重,能有效增强领域实体特征和句子序列特征表示,软件知识实体语义特征弱、语义关系模糊问题得到缓解,进而提升了软件知识实体关系分类的准确性。

4.5 本章小结

我们提出了一种基于句法依赖度和实体感知的软件知识实体关系抽取方法，并以软件知识社区 StackOverflow 为例进行了实验与分析。实验结果表明，基于牛顿冷却定律的权重图卷积神经网络能准确度量单词间的句法依赖度，避免过剪枝或欠剪枝问题，获取句子序列的句法依存特征增强表示，模型的 $F1$ 值获得了提升。同时，基于实体感知的特征增强方法，将实体特征的局部信息和句子序列特征的全局信息进行融合，缓解了软件知识实体语义特征弱、语义关系模糊问题，软件知识实体关系分类的精确率得到了提升。针对标注数据集缺乏的问题，基于软件知识社区 StackOverflow 的问答文本和 tagWiki 文本构建了涵盖 5 个预定义关系类型的软件工程领域实体关系标注数据集。

基于span级对比表示学习的软件
知识实体和关系联合抽取方法

5.1 引言

第 4 章在软件知识实体识别的基础上,根据预定义的实体关系类型对软件知识实体对的语义关系进行分类,实现了软件知识实体和关系的抽取任务。此类基于流水线式的方法将实体抽取和关系抽取建模为两个彼此独立的任务,模型实现较为简单和灵活,但忽略了两个任务的彼此交互和关联,带来了一些特有的问题[36]。首先,由于实体抽取和关系抽取的串行任务关系,上一阶段任务的质量好坏直接影响下一阶段任务的性能。其次,实体抽取和关系抽取采用分开独立建模,模型训练过程中的参数不共享、信息不交互,造成语义信息和依赖信息丢失,会产生没有匹配关系的冗余实体,使模型的错误率增大,影响任务的整体性能。

针对上述问题,实体和关系联合学习方法通过端到端的方式将实体抽取任务和关系分类任务建模为一个任务,利用联合损失函数来增强任务关联和信息共享,模型的整体性能得到了提升,发展成信息抽取任务的主流方法[37,38]。

根据建模对象的不同,基于联合学习方法的实体关系抽取主要分为基于参数共享的方法和基于序列标注的方法。其中,基于参数共享的方法[52,53]能缓解错误传播和任务间关系依赖被忽视的问题,但由于该类方法本质上还是继承了两个子任务之间的先后关系,会产生没有匹配关系的冗余实体,影响联合抽取的质量。针对冗余实体问题,基于序列标注的方法[55,56]将联合学习模型转换为序列标注模型,从而实现实体和关系同时抽取[37]。但是,该类方法通常属于Token级的任务,对实体和关系的标签归属进行了限定,造成重叠实体的关系分类依然存在问题。为解决上述问题,基于span的方法[148,149]将句子序列的一个或多个单词建模为span单元,生成所有可能的span,并从span级对句子序列进行建模表示。由于不受句子序列的顺序限制,基于span的方法能对重叠实体进行选择和独立特征表示,较好地缓解了Token级句子序列建模产生的错误传播问题和实体重叠问题。

软件知识社区文本是非结构化的用户生成内容,存在领域实体语义关系复杂的情况,采用传统的序列建模方式进行软件知识实体和关系抽取会带来实体重叠和错误传播问题,影响软件知识图谱构建的质量。当句子中包含多个相互重叠的实体时,就会出现实体重叠问题。例如,在句子序列"*GetHashCode is Method of Base Object Class of .NET Framework*"中,".NET" and ".NET Framework"就是重叠的实体。

因此,针对传统流水线方法存在的弊端和软件知识社区文本存在的实体重叠问题,我们提出一种基于span级对比表示学习的软件知识实体和关系联合抽取方法。一方面,从建模对象的角度以span为单元对句子序列进行建模,能避免Token级句子序列建模的弊端,有效缓解实体和关系联合抽取任务的实体重叠问题。另一方面,从特征学习的角度在实体抽取和关系抽取两个任务中引入对比表示学习的思想,可以获得实体span和实体对更具区别性的特征表示,提升分类预测的准确性。具体地,我们的主要工作如下:

(1)针对流水线方法存在的任务依赖问题和软件知识社区文本存在的实体重叠问题,提出一种基于span级对比表示学习的软件知识实体和关系联合抽取模型,从软件知识社区的用户生成内容中联合抽取软件知识实体及其语义关系。具体而言,在span表示层将句子序列建模为span单元,并生成丰富的实体span正、负样本,以避免无法选择重叠实体的问题。

(2)在实体分类层和关系分类层,提出有监督的实体对比表示学习和关系对比表示学习,通过数据增强和对比损失构建,获取实体、实体对更适于分类的特征表示,从而提升软件知识实体和关系联合抽取的性能。

(3)设计了一个联合训练算法获取模型训练最优解,并基于软件知识社区文本构建了涵盖8个实体类型和5个关系类型的软件知识实体和关系联合抽取标注数据集。

5.2　相关工作

5.2.1　基于 span 的信息抽取

　　传统基于序列标注的实体和关系抽取方法大多属于 Token 级的任务,受限于固定单一的表示和模型的序列特征,模型处理过程中会产生级联错误,并无法解决实体和关系重叠问题。为解决上述问题,相继提出基于 span 的方法,并得到广泛应用。基于 span 的信息抽取方法将句子序列中的一个或多个单词作为 span 单元,生成所有可能的 span,并在 span 级对句子序列进行建模。该类方法克服了句子序列固有的序列特征,可以选择重叠的实体并表示特征,缓解了 Token 级句子序列建模带来的错误传播和实体重叠问题。

　　Dixit 等[148]利用 BiLSTM 提出一个基于 span 的模型用于实体和关系联合抽取,并在 ACE2005 数据集上取得较好的性能。Luan 等[149]提出一种基于共享 span 表示的多任务分类框架,通过实体识别、关系分类和指代消解等任务,在科学文献摘要数据集 SciERC 上构建科学文献知识图谱。为了增强不同任务间的交互,Luan 等[150]提出一种基于动态 span 图的信息抽取框架 DYGIE,该框架通过图传播的方式捕获 span 间的交互信息,在不需要额外句法分析和处理的情况下,提升了实体识别和关系抽取的性能。Wadden 等[151]在 DYGIE 框架的基础上,将编码器替换成 BERT,并通过对文本 span 进行枚举、精炼和打分捕获局部和全局上下文,在实体识别、关系抽取和事件抽取上获得较好的性能。Eberts 等[152]以预训练语言模型 BERT 为核心,通过强负样本采样、span 过滤和局部上下文表示等机制,解决了部分实体重叠问题,提升了实体和关系联合抽取模型的预测精度。Ding 等[153]将实体和关系联合抽取方法应用到特定军事领域,提出一个融合 span 方法和图结构的混合模型,并结合特定领域的词汇和句法知识提升模型的抽取性能。

5.2.2　对比表示学习在自然语言处理的应用

　　对比表示学习作为一种判别性的自监督学习,利用数据样本的相似性或差异性来学习具有监督信息的编码器;编码器对同一类型的数据尽可能采用相似的特征表示,对不同类型的数据尽可能采用不同的特征表示,以捕获更适合下游任务的特征表示[91],在自然语言领域、图像领域和图数据领域得到了广泛应用。

　　在文本表示任务方面,Giorgi 等[154]受深度度量学习(Deep Metric Learning,DML)启发,提出了一种基于对比学习的无监督句子特征表示学习方法,并通过实验证明了对比学习在句子表征任务上的可行性。为了得到更好的句子特征表示,

Gao 等[155]提出一种基于对比表示学习的训练方法,利用 Dropout 等数据增强方式产生正、负样本数据,通过对比损失函数构建,使得语义相近的样本相距尽可能近,而语义不相似的样本相距尽可能远,从而增强句子向量表示;并在下游的 7 个文本语义匹配(Semantic Textual Similarity,STS)任务中取得较好的性能。针对预训练模型 BERT "坍缩"问题,美团知识图谱团队[156]提出一种基于对比表示学习的句子表示迁移框架。该框架通过构建对比学习任务,在目标领域的无标签数据集上对 BERT 预训练模型进行 Fine-tune,使得生成的句子表示更适合下游任务的数据分布。同时,分别在无监督、有监督的情况下对文本语义匹配任务 STS 进行了验证,实验结果表明该方法的性能均超过基准模型。

在实体和关系抽取任务方面,Peng 等[143]为了更好地捕获句子上下文信息和实体类型信息,提出了一种基于实体遮蔽的对比表示学习框架进行关系预训练。该框架利用远程监督的方法通过外部知识图谱生成正、负样本,将具有相同关系的实体对的句子视为正样本,将具有不同关系的实体对的句子视为负样本,并采用随机遮蔽实体的方法进行预训练,获得了较好的关系表示。针对预训练模型不能捕获文本中的事实知识,Qin 等[157]提出一种预训练阶段的对比表示学习框架,通过实体判别和关系判别两个对比学习任务增强模型对实体对及其语义关系的理解,在关系提取、阅读理解和实体分类任务上取得了较好的性能。Su 等[158]通过同义词替换、随机交换和随机删除等数据增强方式,利用对比表示学习的方法改善了预训练模型 BERT 的文本表示,进而提升了生物医学关系抽取的效果。

5.3 模型与方法

5.3.1 任务建模与方法分析

我们提出的基于 span 级软件知识实体和关系联合抽取方法的任务目标是从非结构化的软件知识社区文本中,自动识别所有可能的软件知识实体 span,并预测其对应的实体类型;再根据预定义的关系类型对实体 span 对的语义关系进行分类,从而得到软件知识关系三元组。因此,基于 span 级软件知识实体和关系联合抽取任务可以形式化定义为一个 7 元组 $SKG=(X,S,Y_e,Y_r,\delta,\varepsilon,NA)$,其中:

$X=(x_1,x_2,\cdots,x_n)$ 为软件知识社区文本的句子序列;

$S=(s_1,s_2,\cdots,s_n)$ 为枚举 X 产生的一个候选 span 集;

$Y_e(s_i)\in\delta\bigcup\{NA\}$ 为预测候选 span 实例 s_i 实体类型的函数,并产生候选软件知识实体集 $E=(e_1,e_2,\cdots,e_{|E|})$,$s_i=(x_i,x_{i+1},\cdots,x_{i+k})$;

$Y_r(e_i,e_j)\in\varepsilon\bigcup\{NA\}$ 为预测软件知识实体对 (e_i,e_j) 语义关系的函数,并产

生软件知识实体关系集合 $R = (r_1, r_2, \cdots, r_{|R|}), e_i, e_j \in E$；

δ 为预定义的实体类型集合；

ε 为预定义的关系类型集合；

NA 为非实体或者没有语义关系。

例如,给定软件知识社区文本的句子序列"*GetHashCode is method of base Object class of . Net Framework .*",软件知识实体和关系联合抽取的目标是准确识别实体对(e_i, e_j)"*GetHashCode*"和"*. Net Framework*",并预测该实体对之间的语义关系 r_{ij} 为"*inclusion*",从而获得软件知识关系三元组$\langle e_i, r_{ij}, e_j \rangle$。

结合上述软件知识实体和关系联合抽取的任务目标和存在的问题,我们提出一个基于 span 级对比表示学习的软件知识实体和关系联合抽取模型 SCL-SKG,其由输入嵌入层、span 表示层、实体分类层和关系分类层组成,整体架构图如图 5-1 所示。

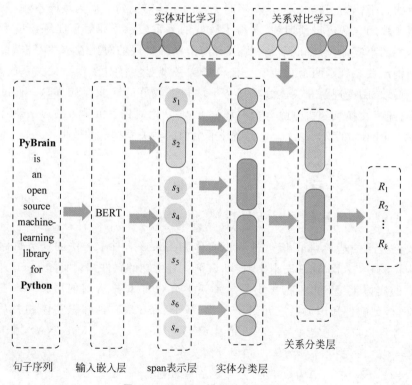

图 5-1　CS-SKG 模型整体架构图

SCL-SKG 模型中各层的主要功能如下：

在输入嵌入层,利用软件工程领域的精调预训练语言模型 SWBERT 对输入句子序列进行特征编码,生成句子序列的动态词向量表示,并作为 span 表示层的输入。

在 span 表示层,基于词性过滤机制去除含义较少的停用词,保留动词和名词等实体词汇,生成句子序列所有可能的 span 表示,为下一步的对比表示学习产生了丰富的实体 span 正、负样本。

在实体分类层,提出一个 span 级的实体对比表示学习方法,通过正、负样本增强和实体对比损失函数构建,约束模型学习实体 span 更好的特征表示,并根据预定义的实体类型对实体 span 进行分类。

在关系分类层,提出一个关系对比表示学习方法,通过正、负样本增强和关系对比损失函数构建,获得候选实体对更好的特征表示,并根据预定义的关系类型对实体对的语义关系进行预测。

5.3.2　输入嵌入层

为了获取不同语境下句子序列的动态词向量表示,从而提升软件知识实体和关系联合预测的准确性,我们利用前面章节已构建的软件工程领域预训练语言模型 SWBERT 对输入句子序列进行特征编码,捕获句子序列的动态词向量表示。具体过程如下:

(1)对于软件知识社区文本的输入句子序列 $X=(x_1,x_2,\cdots,x_n)$,经过基于块的分词、句子序列的首尾添加标志符[CLS]和[SEP],得到句子序列对应的 Token 序列。

(2)针对 Token 序列的每个 Token 产生 Token 向量、分割向量和位置向量,三个向量经过求和,得到 BERT 模型的输入向量表示,$\boldsymbol{E}=(\boldsymbol{E}_1,\boldsymbol{E}_2,\cdots,\boldsymbol{E}_n)$。

(3)经过特征编码,得到句子序列 X 的动态词向量表示:

$$\boldsymbol{H}=[h_1,h_2,\cdots,h_n]=\mathrm{SWBERT}(x_1,x_2,\cdots,x_n) \tag{5.1}$$

经过上述预训练语言模型 SWBERT 编码,得到一个长度为 $n+1$ 的词向量序列 $\boldsymbol{W}=(w_{cls},w_1,w_2,\cdots,w_n)$,其中,$w_{cls}$ 表示整个句子序列的分类信息。由此,获得软件知识实体和关系联合抽取模型 SCL-SKG 的输入嵌入层的词向量表示,并作为 span 表示层的输入。

5.3.3　span 表示层

针对软件知识社区文本存在的实体重叠问题,我们参考相关工作[148,152],在软件知识实体和关系联合抽取模型 SCL-SKG 中构建一个面向 span 级的句子序列表示层,以 span 为单元对句子序列进行建模表示。通常,基于 span 的方法采用迭代句子序列中所有单词的方式产生 span 表示,这样会带来模型算法计算开销太大的问题。

为了提升模型计算效率,使得生成的 span 更具领域专业性,将对句子序列的单词进行过滤操作,去除含义较少的停用词,保留动词和名词等实体词汇;并依此生成不同长度的 span 表示,得到实体 span 表示的集合 $S=(s_1,s_2,\cdots,s_n)$,其中,实体 span 实例表示为 $s_i=(x_i,x_{i+1},\cdots,x_{i+k})$,$k$ 为 span 的长度,表示该实体 span 所包含单词的个数。同时,根据对软件知识社区文本语料的观察,实体 span 的长度过长,表示实体的可能性降低,会增加模型计算的复杂度,因此 k 值不宜设置过大。

例如,对于软件知识社区文本的句子序列"$GetHashCode\ is\ method\ of\ base\ Object\ class\ of.\ Net\ Framework.$",经过过滤操作后的句子序列为"$GetHashCodemethod\ base\ Object\ class.\ Net\ Framework.$",进而生成 span 表示集"$GetHashCode$""$method$""$GetHashCodemethod$""$methodbase$""$Object$""$base\ Object$""$class$""$.\ Net$""$.\ Net\ Framework$"等。

由此,SCL-SKG 模型通过上述实体 span 表示层可以生成句子序列对应的实体 span 表示,并产生了丰富的实体 span 的正、负样本,为下一步的实体 span 对比表示学习提供了数据增强方式。

5.3.4 实体分类层

我们利用"聚合正样本,分离负样本"的特征提取思想,在实体分类层提出一种实体对比表示学习方法,通过正、负样本数据增强和损失函数构建,约束模型学习实体 span 更具区别性的特征表示,进而提升实体 span 分类预测的准确性。因此,在模型的实体分类层包括实体对比表示学习和实体分类两个步骤。

1. 实体对比表示学习

为了利用软件知识实体的标签信息,我们在对比式自监督学习的基础上进行了扩展,提出一种有监督的 span 级实体对比表示学习方法,获取更适于下游任务的实体 span 特征表示。有监督的实体对比表示学习区别于自监督对比表示学习,其利用软件知识实体的标签信息(如实体的类型信息),通过特定的数据增强方法生成有关原始数据样本的多个正样本、负样本视图,并利用对比损失函数构建,约束模型学习更适应于软件知识实体分类任务的实体 span 特征表示,进而提升实体分类的性能。

通常,对比表示学习的通用框架主要包括数据增强、编码器(Encoder)、Projection 网络和对比损失函数四个组件[96],下面就有监督实体对比表示学习方法涉及的各个组件进行详细介绍。

(1)数据增强。数据增强组件是对比表示学习的关键组成部分,它通过数据增强技术随机生成关于原始数据样本的视图,该视图既要与原始数据样本有所区别,又不能区别太大,否则会破坏原始数据样本的结构信息或语义信息,给模型带来太大干扰。自然语言领域相较于图像领域,数据增强方法较为困难,通常有随机删除单词、随机插入单词、随机互换单词和近反义词替换等方法[159];但是,这些方法对句子的结构和语义信息会造成干扰,直接应用到实体抽取、关系抽取等下游任务,会造成模型性能下降。

在有监督实体对比表示学习的数据增强组件中,我们结合 span 表示层产生的实体 span 表示集,利用软件知识实体的类型标签进行数据增强,生成实体 span 实例的多个正、负样本。具体地,有监督实体对比表示学习将同一类型的实体 span 视为正样本,构建实体 span 正样本集 $P(i)$;将同一 batch 内的其他类型实体 span 和非实体 span 作为负样本,构建实体 span 负样本集 $N(i)$。

(2)编码器(Encoder)。在编码器组件中,SCL-SKG 模型利用预训练语言模型 SWBERT 将输入的软件知识社区文本句子序列 $X = (x_1, x_2, \cdots, x_n)$ 转换为动态词向量表示,进而提取文本特征,表示为

$$\boldsymbol{h}_i = f(x_i) = \text{SWBERT}(x_i) \tag{5.2}$$

(3)Projection 网络。借鉴 Chen[96] 在图像领域的工作,SCL-SKG 模型在 Projection 网络组件中利用多层感知器将向量表示投射到另一个表示空间,以获得训练阶段更好的特征表示,表示为

$$\boldsymbol{z}_i = g(\boldsymbol{h}_i) = \boldsymbol{W}^2 \sigma(\boldsymbol{W}^1 \boldsymbol{h}_i) \tag{5.3}$$

式中:$\boldsymbol{W}^1$ 和 $\boldsymbol{W}^2$ 为隐层的权重;σ 为 ReLU 激活函数。

此 Projection 网络组件和向量 $\boldsymbol{z}_i$ 只在对比表示学习的训练过程中使用,训练结束后,将编码器及向量 $\boldsymbol{h}_i$ 用于下游实体分类任务。

(4)对比损失函数。在对比损失函数组件中,由于自监督对比表示学习的损失函数无法处理实体的类型标签信息,会带来多正样本问题,SCL-SKG 模型参考 Khosla[160] 的工作,对自监督对比损失函数进行了扩展,得到有监督实体对比表示学习的损失函数,表示为

$$L^{ec} = \sum_{i \in B(i)} \frac{-1}{\mid P(i) \mid} \sum_{p \in P(i)} \log \frac{\exp(\boldsymbol{z}_i \cdot \boldsymbol{z}_p / \tau)}{\sum_{n \in N(i)} \exp(\boldsymbol{z}_i \cdot \boldsymbol{z}_n / \tau)} \tag{5.4}$$

式中:$\boldsymbol{z}_i$ 为当前实体 span 实例;$\boldsymbol{z}_p$ 为 $\boldsymbol{z}_i$ 的正样本实例;$\boldsymbol{z}_n$ 为 $\boldsymbol{z}_i$ 的负样本实例;$B(i)$ 为 batch 内的数据样本集;$\mid P(i) \mid$ 为正样本集合的基数;$N(i)$ 为负样本集合。

通过以上对比损失函数,使得当前实体 span 的实例 $\boldsymbol{z}_i$ 与其正样本集的特征一致性最大化;同时,使得当前实体 span 的实例 $\boldsymbol{z}_i$ 与其负样本集的特征区别性最大化,进而学习到实体 span 更好的特征表示。

至此,基于软件知识社区文本的 span 级实体对比表示学习可以描述为算法 5-1。

算法 5-1   span 级实体对比表示学习算法

Input: 实体 span 的实例 s_i，预训练语言模型 SWBERT，Projection 网络 g
Output: 实体 span 的实例 s_i 对应的特征向量 $\boldsymbol{h}_i$

1.   **Begin**
2.   获取实体 span 实例 s_i 的向量表示 $\boldsymbol{h}_i$ //式(5.2)
3.   将向量 $\boldsymbol{h}_i$ 投射到另一个向量表示空间，获得 z_i //式(5.3)
4.   按实体 span 数据增强方法，生成 z_i 的正、负样本表示 z_p, z_n
5.   计算实体对比损失 L^{ec} //式(5.4)
6.   更新 SWBERT 和 Projection 网络 g 的参数，使得 L^{ec} 最小化
7.   返回实体 span 实例 s_i 的向量表示 $\boldsymbol{h}_i$
8.   **End**

由算法 5-1 可知，面向软件知识社区的 span 级实体对比表示学习的目标是学习实体 span 更好的特征表示，并将句子序列的实体 span 特征向量 $\boldsymbol{H} = (h_1, h_2, \cdots, h_n)$ 作为下游实体分类任务的输入，提升实体 span 类型预测的性能。

2. 实体分类

实体分类层的目标是对候选实体 span 的类型进行预测，同时将非实体 span 进行过滤，可以形式化描述为给定候选实体 span 的实例 $s_i = (x_i, x_{i+1}, \cdots, x_{i+k})$ 和预定义的实体类型集 δ，实体分类的目标是将候选实体 span 的实例 s_i 映射到集合 $\delta \cup NA$，其中，NA 表示非实体 span，将被模型过滤。

因此，具体的实体分类过程包括以下两个步骤：

(1) 向量拼接。通过上述 span 层的实体对比表示学习，获得候选实体 span 实例 s_i 的最终向量表示为

$$s_i = [\boldsymbol{h}_i; s_{\text{width}}; w_{\text{cls}}] \tag{5.5}$$

式中：$\boldsymbol{h}_i$ 为对应实体 span 实例的向量表示；s_{width} 为对应实体 span 实例长度的向量表示；w_{cls} 为特殊的分类信息表示。

(2) 实体类型预测。通过向量拼接操作后，将候选实体 span 实例的向量表示输入 softmax 层进行实体类型预测：

$$e_i = \text{softmax}(\boldsymbol{W}_i \cdot \boldsymbol{s}_i + b_i) \tag{5.6}$$

式中：$\boldsymbol{W}_i$ 为权重矩阵；b_i 为偏置项。

5.3.5   关系分类层

与上述实体分类层的设计思想一致，在获得软件知识实体集后，利用对比表示学习思想，提出一种关系对比表示学习方法，通过正、负样本数据增强和损失函数构建，约束模型学习实体对更适于关系分类的特征表示，进而提高关系分类预测的准确性。因此，在模型的关系分类层包括关系对比表示学习和关系分类两个步骤。

1. 关系对比表示学习

软件知识社区文本的句子序列经过实体抽取后,获得了软件知识实体集 $E=(e_1, e_2, \cdots, e_{|E|})$。为了提升软件知识实体关系分类的性能,我们提出一种有监督的 span 级关系对比表示学习方法,通过特定的数据增强方法和关系对比损失构建,获取候选实体对更适合于下游分类任务的特征表示。

与有监督实体对比表示学习方法相比较,有监督关系对比表示学习的编码器(Encoder)和 Projection 网络保持不变,在数据增强和对比损失函数两个组件上有所不同。

在数据增强组件,有监督关系对比表示学习利用软件知识实体的关系标签信息进行正、负样本划分,将具有相同关系类型的实体对视为正样本,并构建正样本集 $P(i)$,将同一 batch 内具有其他关系类型或没有关系的实体对作为负样本,并构建负样本集 $N(i)$。

因此,在对比损失函数组件中,有监督关系对比表示学习的对比损失函数定义如下:

$$L^{rc} = \sum_{i \in B(i)} \frac{-1}{|P(i)|} \sum_{p \in P(i)} \log \frac{\exp(z_i \cdot z_p / \tau)}{\sum_{n \in N(i)} \exp(z_i \cdot z_n / \tau)} \tag{5.7}$$

式中:z_i 为当前实体对实例;z_p 为 z_i 的正样本实例;z_n 为 z_i 的负样本实例;$B(i)$ 为 batch 内的候选实体对集;$|P(i)|$ 为正样本集合的基数;$N(i)$ 为负样本集合;τ 为温度参数;符号"·"为向量间相似度计算的内积操作。

通过关系对比损失函数的构建,使得当前实体对实例 z_i 与其正样本集的特征一致性最大化;同时,使得当前实体对实例 z_i 与其负样本集的特征区别性最大化,进而学习到实体对更好的特征表示。

同理,基于软件知识社区文本的 span 级关系对比表示学习可以描述为算法 5-2。

算法 5-2　关系对比表示学习算法

Input: 候选实体对实例(s_i, s_j),预训练语言模型 SWBERT, Projection 网络 g
Output: 候选实体对实例(s_i, s_j)的特征向量 h_i
1.　　**Begin**
2.　　　获取实体对实例(s_i, s_j)的向量表示 h_i
3.　　　将向量 h_i 投射到另一个向量表示空间,获得 z_i
4.　　　按实体关系的数据增强方法,生成 z_i 的正、负样本表示 z_p、z_n
5.　　　计算关系对比损失 L^{rc}　　　　　//式(5.7)
6.　　　更新 SWBERT 和 Projection 网络 g 的参数使得 L^{rc} 最小化
7.　　　返回实体对的特征向量表示 h_i
8.　　**End**

由算法 5-2 可知,基于软件知识社区文本的 span 级关系对比表示学习的目标是学习候选实体对更好的特征表示,并作为下游关系分类任务的输入,提升关系类型预测的性能。

2. 关系分类

关系分类层的目标是对候选实体对的关系类型进行预测,可以形式化描述为给定候选实体 span 集 $S=(s_1,s_2,\cdots,s_n)$、实体对实例 $s_i=(x_i,x_{i+1},\cdots,x_{i+k})$ 和 $s_j=(x_j,x_{j+1},\cdots,x_{j+k})$、预定义的关系类型集 ε,关系分类的目标是将候选实体对 (s_i,s_j) 的关系类型映射到集合 $\varepsilon\cup NA$,其中,NA 表示没有语义关系。

因此,具体的关系分类过程包括以下两个步骤:

(1) 向量拼接。通过上述关系对比表示学习,可获得候选实体对的向量表示 h_i 和实体对之间的上下文向量表示 c_{ij}。通过向量拼接,可获得用于关系分类的候选实体对的增强向量表示:

$$s_{ij}=[h_i;c_{i,j}] \tag{5.8}$$

(2) 关系类型预测。向量拼接操作后,将候选实体对的关系向量表示 s_{ij} 输入一个全连接层进行关系分类:

$$r_{ij}=\sigma(W_{ij}\cdot s_{ij}+b_{ij}) \tag{5.9}$$

式中:σ 为 sigmoid 激活函数;W_{ij} 为权重矩阵;b_{ij} 为偏置项。

综上所述,基于 span 级软件知识实体和关系联合抽取方法,首先以领域预训练语言模型 SWBERT 为输入特征编码器,获取句子序列的动态词向量表示;然后以 span 为单元建模句子序列,生成丰富的实体 span 表示,以避免无法选择重叠实体问题;最后在实体分类和关系分类任务中引入有监督对比表示学习方法,通过数据增强和对比损失构建,获取更适于分类任务的实体 span 和实体对特征表示,提升实体分类和关系分类的预测性能。因此,基于 span 级软件知识实体和关系联合抽取的过程可以描述为算法 5-3。

算法 5-3　基于 span 级软件知识实体和关系联合抽取算法

Input: 软件知识社区文本的句子序列 $X=(x_1,x_2,\cdots,x_n)$
Output: 软件知识实体关系三元组
1.　**Begin**
2.　　**for** each epoch **do**
3.　　　**for** each batch **do**
4.　　　　通过 SWBERT 生成句子序列 X 的词向量表示
5.　　　　生成句子序列的 span 表示 $S=(s_1,s_2,\cdots,s_n)$
6.　　　　**for** s_i from S **do**
7.　　　　　调用算法 5-1 获取实体 span 实例 s_i 的向量表示 h_i
8.　　　　　通过向量拼接获取实体 span 实例 s_i 的向量表示　　//式(5.5)

9. 　　　　　　　对 span 实例 s_i 的类型进行预测 　　　　　　//式(5.6)
10. 　　　　　endfor
11. 　　　　获得软件知识实体集 E，并选取实体对实例(s_i, s_j)
12. 　　　　**for** s_i, s_j from S **do**
13. 　　　　　调用算法 5-2 获取实体对实例(s_i, s_j)的向量表示 h_i
14. 　　　　　通过向量拼接获取实体对实例(s_i, s_j)的增强向量表示　//式(5.8)
15. 　　　　　对实体对实例(s_i, s_j)的关系类型进行预测　　　　//式(5.9)
16. 　　　　　endfor
17. 　　　　返回软件知识实体关系三元组
18. 　　　endfor
19. 　　endfor
20. **End**

5.4　实验与分析

为验证我们所提出的软件知识实体和关系联合抽取方法的实际效果，以软件知识社区 StackOverflow 为例开展实验与分析，并通过模型对比实验和模型消融实验对模型性能进行分析和评价。实验的软/硬件环境与前面章节保持一致。

5.4.1　数据集构建

由于软件知识实体和关系联合抽取任务缺乏公开、适用的标注数据集，我们利用前面章节的软件知识实体抽取、软件知识实体关系抽取的数据集来构建软件知识实体和关系联合抽取数据集。在软件知识实体和关系的类型方面，构建了涵盖编程语言、系统平台、软件 API、软件工具、软件开发库、软件框架、软件标准、软件开发过程 8 个预定义实体类型，以及使用关系、包含关系、兄弟关系、同义关系和其他语义关系 5 个预定义关系类型，详细信息如表 5-1 所示。

表 5-1　软件知识实体和关系类型

类型	名　称	含　义	实　例	简写
实体类型	Programming Language	编程语言	Java，Python，C	prla
	Software Platform	软件平台	Weblogic，Dolphin	plat
	Software API	软件 API	QueryManager，isNumeric	api
	Software Tool	软件工具	Pycharm，Firebug	tool
	Software Library	软件开发库	jQuery，NumPy	lib
	Software Framework	软件框架	Hibernate，Django	fram
	SoftwareStandard	软件标准	HTTP，utf-8	stan
	Development Process	软件开发过程	umlet，LoadRunner	depr

续表

类型	名　　称	含　义	实　　例	简写
关系 类型	Use	使用关系	Windows 10,Cortana	use
	Inclusion	包含关系	Python,PyBrain	inc
	Brother	兄弟关系	C,Java	bro
	Consensus	同义关系	JavaScript,JS	con
	Semantic	其他语义关系	Virtual Network,VPN	sem

　　在数据集标注方面,我们在软件知识实体关系抽取数据集的基础上对实体和关系进行联合标注,利用 JSON(JavaScript Object Notation)文件格式对句子序列、实体类型、实体 span 的起始位置和结束位置、关系类型和头尾实体等信息进行标注,形成软件知识实体和关系联合抽取标注数据集。同时,将该数据集按 7∶1∶2 的比例划分为训练集、验证集和测试集,用于 CS-SKG 模型的训练和测试。数据集由 19013 个句子、43769 个实体和 25183 关系组成,其中包含 452 个与重叠实体的关系实例。数据集的详细信息见表 5-2。

表 5-2　数据集的详细信息

组　　成	训　练　集	验　证　集	测　试　集	合　　计
句子	15016	196	3801	19013
实体	34592	429	8748	43769
关系	19875	234	5074	25183

5.4.2　超参数设置

　　在 CS-SKG 模型的训练过程中,对于基于 span 的模块部分,输入嵌入层的 SWBERT 预训练语言模型的词向量维度设置为 768 维,Batch size 设置为 3,span 的最大值均设置为 10,实体 span 负样本和关系负样本最大值均设置为 100,Adam 作为优化器,初始学习率设为 $5e-5$;对于对比表示学习的模块部分,采用对比损失作为模型的损失函数,温度参数较小更有利于训练,但由于数值不稳定性,极低的温度参数较难以训练,因此,温度参数设置为 0.1。模型的超参数设置如表 5-3 所示。

表 5-3　模型的超参数设置

模　型　名　称	参　数　名　称	参　数　值
span-based model	Word embedding dimension	768
	Batch size	3

续表

模 型 名 称	参 数 名 称	参 数 值
span-based model	Learningrate	5e—5
	Max_span_size	10
	Num_epoch	100
	Num_negative_entity	100
	Num_negative_relation	100
	Optimizer	Adam
	Dropout	0.5
Contrastive Learning model	τ	0.1

5.4.3　对比实验结果与分析

为了验证我们提出的软件知识实体和关系联合抽取模型 CS-SKG 的性能,选取了三个基于共享参数方法、基于联合解码方法的实体关系联合抽取模型作为基线方法进行对比实验,实验数据基于我们构建的软件知识实体和关系联合抽取标注数据集。

Muti-head 模型[56]是一种基于共享参数方法的实体和关系联合抽取模型。该模型利用 BILOU 标注方法和 CRF 解码实现实体抽取,通过多头选择算法实现关系抽取,利用 sigmoid 层实现关系抽取。

SPERT 模型[152]是一种基于共享参数方法的实体和关系联合抽取模型。该模型抛弃了传统基于 BIO/BILOU 标注的方法,利用预训练语言模型 BERT 获取句子序列的词向量表示,并通过枚举句子序列中所有可能的实体 span,实现实体和关系联合抽取。

NovelTagging 模型[55]是一种基于联合解码方法的实体和关系联合抽取模型。该模型基于一种新序列标注框架和 LSTM 网络实现了一个端到端的实体和关系联合抽取。

我们所提出的软件知识实体和关系联合抽取模型 CS-SKG 是从 span 级对句子序列进行实体和关系抽取,其抽取结果的评价准则:若软件知识实体 span 的边界及其类型均预测正确,则表示实体识别结果正确;若软件知识实体 span 的边界、实体类型及实体间关系均预测正确,则表示关系抽取结果正确。模型对比实验结果如表 5-4、图 5-2 和图 5-3 所示。

表 5-4　对比实验结果

模　　型	实　　体			关　　系		
	P/%	R/%	F1/%	P/%	R/%	F1/%
Multi-head	68.20	65.23	66.68	61.03	56.82	58.85
NovelTagging	75.67	65.39	70.16	67.15	63.31	65.17
SPERT	83.71	67.17	74.53	72.27	69.64	70.93
SCL-SKG *	82.93	78.69	**80.75**	80.56	76.39	**78.42**
SCL-SKG	82.19	78.91	**80.52**	80.37	76.03	**78.14**

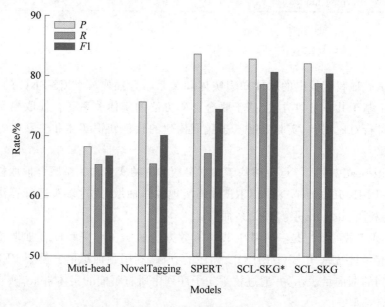

图 5-2　实体抽取结果对比

由模型对比实验结果可见,软件知识实体和关系联合抽取模型 CS-SKG 的 F1
值均高于其他三个基线模型,取得了较好的性能。

从软件知识实体抽取任务来看,CS-SKG 模型与 Muti-head 模型相比,精确率
P 值和 F1 值分别提升了 13.99% 和 13.84%;CS-SKG 模型与 NovelTagging 模
型相比,精确率 P 值和 F1 值分别提升了 6.52% 和 10.36%;CS-SKG 模型与
SPERT 模型相比,精确率 P 值下降 1.52%,F1 值提升了 5.99%。

从软件知识实体关系抽取任务来看,CS-SKG 模型与 Muti-head 模型相比,精
确率 P 值和 F1 值分别提升了 19.34% 和 19.29%;CS-SKG 模型与 NovelTagging

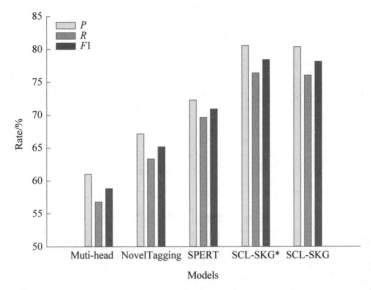

图 5-3　关系抽取结果对比

模型相比,精确率 P 值和 $F1$ 值分别提升了 13.22% 和 12.97%；CS-SKG 模型与 SPERT 模型相比,精确率 P 值和 $F1$ 值分别提升了 8.1% 和 7.21%。

　　从句子序列建模对象的层面上看,由于基于 span 的方法不受序列建模的顺序限制,能对重叠的实体进行选择,从而提高了模型的预测精度,相较于 Muti-head 模型和 NovelTagging 模型,SPERT 模型和 CS-SKG 模型分别获得最高的实体抽取精确率和关系抽取精确率。同时,相较于 SPERT 模型,CS-SKG 模型在基于 span 方法的基础上,在实体抽取和关系抽取阶段引入了对比表示学习方法,获得了更适应于分类的实体 span 和实体对的增强特征表示,实体抽取和关系抽取的 $F1$ 值分别提升了 5.99% 和 7.21%。

　　同时,我们探索了 SCL-SKG 模型在剔除重叠实体的数据集上的性能表现。如表 5-4、图 5-2 和图 5-3 所示,CS-SKG * 和 CS-SKG 分别表示剔除重叠实体和保留重叠实体的模型性能。在剔除重叠实体后,SCL-SKG 模型的实体抽取和关系抽取的 $F1$ 值分别仅提高 0.23% 和 0.28%。这表明 SCL-SKG 模型在这两种不同的数据集上的性能保持相对稳定。

　　另外,针对软件知识实体和关系联合抽取模型 CS-SKG 对每个预定义软件知识实体类型和关系类型的预测结果进行了分析,实验结果如表 5-5、表 5-6、图 5-4 和图 5-5 所示。

表 5-5　各实体类型的抽取结果

实 体 类 型	*P*/%	*R*/%	*F*1/%
tool	85.41	81.13	83.21
plat	91.53	88.90	**90.19**
stan	78.59	73.41	75.91
lib	90.16	87.39	88.75
api	76.35	74.46	75.39
prla	89.19	85.51	87.31
fram	76.86	74.31	75.56
depr	69.42	66.17	67.75

表 5-6　各关系类型的抽取结果

关 系 类 型	*P*/%	*R*/%	*F*1/%
inclusion	87.32	85.08	**86.18**
brother	79.83	76.69	78.23
semantic	66.18	59.21	62.50
use	85.25	80.03	82.56
consensus	83.29	79.15	81.17

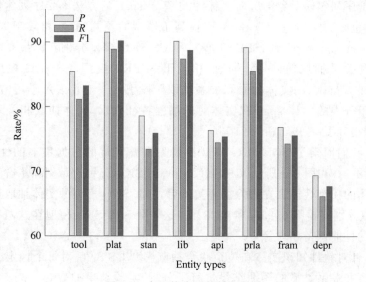

图 5-4　各实体类型的抽取结果

从实验结果来看,软件知识实体和关系联合抽取模型 CS-SKG 的实体抽取任

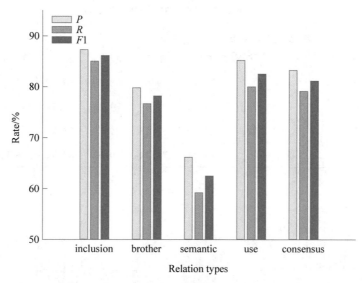

图 5-5　各关系类型的抽取结果

务要比关系抽取任务质量更高。在实体识别任务中，模型在软件工具（Software Tool）、软件开发库（Software Library）和编程语言（Programming Language）等实体类型上都有较好的性能，并在软件平台（Software Platform）实体类型上取得了最高的 $F1$ 值，但在软件开发过程（Development Process）实体类型上出现了最低的 $F1$ 值。在关系分类任务中，包含关系（Inclusion）关系类型取得最高 $F1$ 值，在其他语义关系（Semantic）关系类型上出现了最低的 $F1$ 值。

5.4.4　消融实验结果与分析

我们对软件知识实体和关系联合抽取模型 CS-SKG 进行模型消融实验，其主要目标是验证所提出的实体对比表示学习、关系对比表示学习以及领域预训练语言模型 SWBERT 对软件知识实体和关系联合抽取的性能影响。为保证实验结果的合理性，在模型消融实验的过程中各模型参数保持相同的设置。

1. 对比表示学习对模型性能的贡献评价

软件知识实体和关系联合抽取模型 CS-SKG 以 span 方法为基础，通过引入有监督的对比表示学习框架，实现实体 span 和实体对的特征增强表示，进而提升软件知识实体和关系抽取的性能。为此，我们选取 CS-SKG 模型作为基准模型，验证实体对比表示学习和关系对比表示学习对软件知识实体和关系联合抽取任务的影响，实验结果如表 5-7、图 5-6 和图 5-7 所示。

表 5-7　对比表示学习对模型性能的影响

模　　型	实体对比表示学习	关系对比表示学习	实　　体			关　　系		
			$P/\%$	$R/\%$	$F1/\%$	$P/\%$	$R/\%$	$F1/\%$
CS-SKG-NN	×	×	68.43	59.61	63.72	65.32	58.34	61.63
CS-SKG-EC	√	×	81.97	76.69	79.24	69.74	62.57	65.96
CS-SKG-RC	×	√	69.11	60.93	64.76	71.51	65.72	68.49
CS-SKG-ALL	√	√	**82.19**	**78.91**	**80.52**	**80.37**	**76.03**	**78.14**

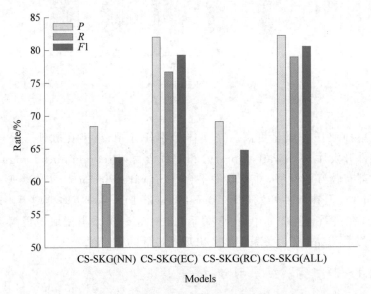

图 5-6　对比表示学习对实体抽取性能的影响

在表 5-7 中,模型 CS-SKG-NN 表示未引入实体对比表示学习和关系对比表示学习,模型 CS-SKG-EC 表示只引入实体对比表示学习,模型 CS-SKG-RC 表示只使用关系对比表示学习,模型 CS-SKG-ALL 表示同时引入了实体对比表示学习和关系对比表示学习。

从对比实验结果来看,单独引入实体对比表示学习后,实体抽取和关系抽取的 $F1$ 值分别提高 15.52% 和 4.33%;单独引入关系对比表示学习后,实体抽取和关系抽取的 $F1$ 值分别提高 0.04% 和 6.86%;同时引入实体对比表示学习和关系对比表示学习后,实体抽取和关系抽取的 $F1$ 值达到最高。

实验结果表明,基于聚合正样本、分离负样本思想的实体对比表示学习和关系

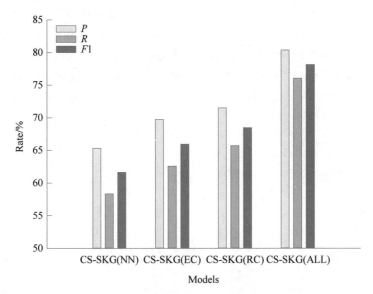

图 5-7　对比表示学习对关系抽取性能的影响

对比表示学习能获取实体 span 和实体对更适于下游分类任务的特征表示,有助于提升软件知识实体和关系联合抽取任务的性能。

2. SWBERT 模型对模型性能的贡献评价

在软件知识实体和关系联合抽取模型 CS-SKG 的输入嵌入层,利用已精调的领域预训练语言模型 SWBERT 对输入句子序列进行编码,生成相应的词向量表示。为了评价领域预训练语言模型 SWBERT 对软件知识实体和关系联合抽取任务的性能贡献,我们选取 CS-SKG 模型作为基准模型,从预训练语言模型的角度对模型进行消融实验。实验结果如表 5-8、图 5-8 和图 5-9 所示。

在表 5-8 中,模型 CS-SKG-NN 表示未引入预训练语言模型,模型 CS-SKG-BERT 表示引入通用领域 BERT 模型,模型 CS-SKG-SWBERT 表示引入已精调的软件领域预训练语言模型 SWBERT。

表 5-8　预训练语言模型对模型性能的影响

模　　型	预训练模型	实　　体			关　　系		
		$P/\%$	$R/\%$	$F1/\%$	$P/\%$	$R/\%$	$F1/\%$
CS-SKG-NN	×	77.26	69.71	73.29	71.84	68.27	70.01
CS-SKG-BERT	√	80.95	73.19	76.87	76.36	70.17	73.13
CS-SKG-SWBERT	√	**82.19**	**78.91**	**80.52**	**80.37**	**76.03**	**78.14**

由实验结果可知,模型引入通用领域预训练语言模型 BERT 后,实体抽取和关系抽取的 $F1$ 值分别提高 3.58% 和 3.12%;模型引入软件领域预训练语言模型 SWBERT 后,实体抽取和关系抽取的 $F1$ 值分别提高 7.23% 和 8.13%;并且,模型引入软件领域预训练语言模型 SWBERT 与引入通用领域预训练语言模型 BERT 相比,实体抽取和关系抽取的 $F1$ 值分别提高 3.65% 和 5.01%。

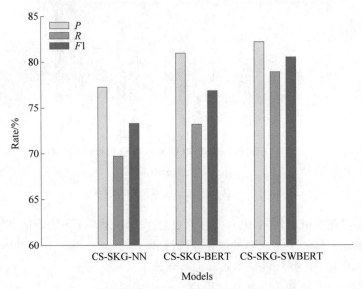

图 5-8　预训练语言模型对实体抽取性能的影响

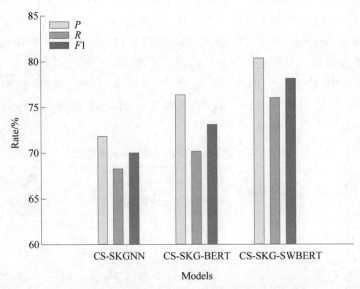

图 5-9　预训练语言模型对关系抽取性能的影响

实验结果表明,特定软件领域的预训练语言模型能更好地捕获软件知识社区文本中单词的领域特征,生成高质量的词向量表示,有助于提升下游的实体分类和关系分类任务性能。

5.4.5 公共数据集的实验结果与分析

为了进一步探索我们提出的 SCL-SKG 模型性能,在三个公共数据集上进行了模型实验与结果分析。CoNLL04 数据集[161]是一个带有标注信息的新闻文章数据集,包括 4 种实体类型和 5 种关系类型。SciERC 数据集[149]来自 4 个人工智能社区的 500 份人工智能会议论文集的摘要。ADE 数据集[162]源于药物使用的医疗报告,包括 2 种实体类型和 1 种关系类型。

根据前面工作的评价方法,我们对 CoNLL04 数据集和 ADE 数据集采用宏观平均值的方法进行评价,对 SciERC 数据集采用微平均值的方法进行评价,实验结果如表 5-9 所示。

表 5-9 公共数据集的实验结果

数据集	模 型	实 体			关 系		
		$P/\%$	$R/\%$	$F1/\%$	$P/\%$	$R/\%$	$F1/\%$
CoNLL04	Multi-head	83.75	84.06	83.90	63.75	60.43	62.04
	Multi-head＋AT[163]	—	—	83.61	—	—	61.95
	Table-filling[51]	81.20	80.20	80.70	76.00	50.90	61.00
	SPERT	85.78	86.84	86.25	74.75	71.52	72.87
	SCL-SKG	86.45	87.35	**86.93**	76.13	71.31	**73.12**
SciERC	SciIE[149]	67.20	61.50	64.20	47.60	33.50	39.30
	DyGIE[150]	—	—	65.20	—	—	41.60
	DyGIE＋＋[151]	—	—	67.50	—	—	48.40
	SPERT	68.53	66.73	67.62	49.79	43.53	46.44
	SCL-SKG	68.24	66.28	67.21	50.37	44.69	**47.56**
ADE	BiLSTM＋SDP[164]	82.70	86.70	84.60	67.50	75.80	71.40
	Multi-head	84.72	88.16	86.40	72.10	77.24	74.58
	Multi-head＋AT[163]	—	—	86.73	—	—	75.52
	SPERT	88.99	89.59	89.28	77.77	79.96	78.84
	SCL-SKG(without overlap)	88.91	89.16	89.03	75.67	80.81	78.16
	SCL-SKG(with overlap)	87.53	90.25	88.89	75.35	80.33	77.91

实验结果表明,SCL-SKG 模型在 CoNLL04 数据集上获得了性能提升,实体抽取和关系抽取的 $F1$ 值分别提高了 0.7% 和 0.3%。对于 SciERC 数据集,关系抽

取的性能也有所提高,关系抽取的 $F1$ 值提高了 1.1%。对于 ADE 数据集,包含
120 个含有实体重叠的关系实例,与 SPERT 模型相比,SCL-SKG 模型在实体抽取
和关系抽取方面没有实现性能提升。当包含重叠实体时,SCL-SKG 模型的实体抽
取和关系抽取的 $F1$ 值分别仅下降 0.14% 和 0.25%。

5.4.6　联合训练方法分析

我们基于对比表示学习和 span 方法提出软件知识实体和关系联合抽取模型
CS-SKG,对软件知识实体抽取和关系抽取进行联合建模,包括实体分类和关系分
类两个子任务,需要根据联合损失函数对实体分类和关系分类两个任务进行联合
训练。

因此,软件知识实体和关系联合抽取模型 CS-SKG 的损失函数由实体对比表
示学习损失 L^{ec}、实体分类损失 L^e、关系对比损失 L^{rc} 和关系分类损失 L^r 四部分
组成,其中,实体分类损失 L^e 采用 Categorical Cross Entropy 作为损失函数,关系
分类损失 L^r 采用 BinaryCross Entropy 作为损失函数。

为了获得 CS-SKG 模型最佳的联合训练结果,我们尝试了损失函数相加、损失
函数相乘和损失函数线性结合三种不同的联合训练方法,具体公式如下:

$$L = L^e + L^{ec} + L^r + L^{rc} \tag{5.10}$$

$$L = L^e * L^{ec} + L^r \times L^{rc} \tag{5.11}$$

$$L = L^{ec} + \lambda(\cdot)L^e + L^{rc} + \lambda(\cdot)L^r \tag{5.12}$$

损失函数相加表示实体对比损失 L^{ec}、实体分类损失 L^e、关系对比损失 L^{rc} 和
关系分类损失 L^r 四个损失相加,见式(5.10);损失函数相乘表示实体对比损失和
实体分类损失相乘,关系对比损失和关系分类损失相乘,见式(5.11);损失函数线
性结合表示在实体分类损失和关系分类损失上加线性函数,并结合实体分类和关
系分类两部分损失,见式(5.12)。

由模型联合训练方法的实验结果图 5-10 和图 5-11 可知,损失函数相乘的方法
会导致模型无法收敛,取得较差的结果;损失函数相加和损失函数线性结合的方
法能完成模型训练与测试,线性结合方法取得了更好的效果。因此,我们采用损失
函数线性结合的方法对软件知识实体和关系联合抽取模型进行训练。

5.4.7　实例研究与分析

通过以上实验结果分析,我们所提出的基于 span 级对比表示学习的软件知识
实体和关系联合抽取模型 CS-SKG,能较好地解决流水线式方法的任务依赖问题,
缓解了实体重叠问题,在基于社区文本的软件知识领域取得了较好的性能。我们

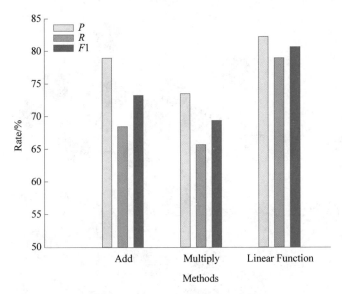

图 5-10　实体抽取的联合训练方法

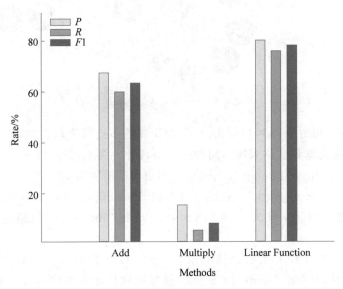

图 5-11　关系抽取的联合训练方法

构建了包含 43769 个实体实例和 25183 个关系实例的软件知识图谱,其中,50 个节点和 1000 个节点的概览图分别如图 5-12 和图 5-13 所示。

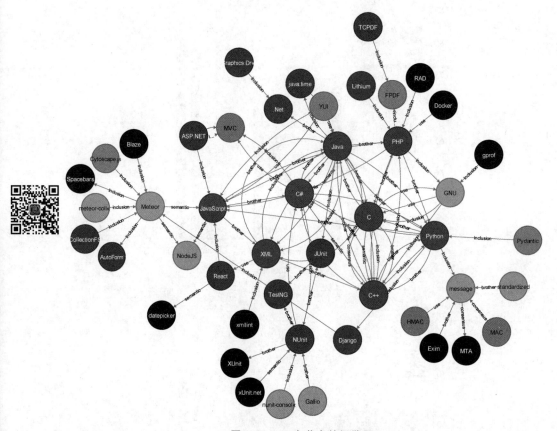

图 5-12   50 个节点的概览图

从图 5-12 和图 5-13 可以看出,软件知识图的节点代表软件知识实体的实例,不同类型的软件知识实体采用不同的颜色来区分。例如,节点"Java""PHP""c♯"的实体类型为"Programming Language",节点"JUnit""TestNG""React"的实体类型为"Software Framework"。软件知识实例⟨Pydantic,Inclusion,Python⟩描述了一个软件知识事实,即头实体"Pydantic"通过"inclusion"边链接到尾实体"Python"。

软件知识实体和关系联合抽取模型 CS-SKG 尽管取得了较好的性能,但也存在一些具体的问题。下面就 CS-SKG 模型的软件知识实体和关系联合抽取实际案例进行分析,分析结果如表 5-10 所示,其中,符号"[]"表示抽取的软件知识实体。

图 5-13　1000 个节点的概览图

表 5-10　软件知识实体和关系联合抽取实例分析

实　　例	抽　取　结　果
实例 1	SpriteKit is ［［**Apples**］**framework**］ for creating 2D games for ［［**IOS**］**7**］，［［**macOS**］**10.9**］，［［**tvOS**］**9**］ and ［［**watchOS**］**3**］
实例 2	StarlingFramework is an ［**ActionScript 3**］ library for hardware accelerated 2D graphics
实例 3	［**BlackBerry**］ offers a variety of development tools，including the ［**BlackBerry Dynamics SDK**］，［**Cylance REST APIs**］，［**BlackBerry Workspaces APIs**］ and SDKs，BlackBerry QNX development and BlackBerry UEM REST APIs
实例 4	［**CUDA**］（［**Compute Unified Device Architecture**］）is a parallel computing platform and programming model for NVIDIA GPUs（Graphics Processing Units）

在实例 1 中,模型 CS-SKG 不仅能抽取软件知识实体"Apples"和"IOS",还能准确抽取软件知识实体"Apples framework"和"IOS 7"。经统计,在 453 个实体重叠的关系实例中,有 267 个被准确识别出来,这说明模型 CS-SKG 能有效解决实体重叠问题。

在实例 2 中,由于实体 span 的边界错误,模型 CS-SKG 没有准确识别出软件知识实体"ActionScript 3 library",造成关系抽取出错。

在实例 3 中,模型 CS-SKG 抽取出软件知识实体"BlackBerry""BlackBerry Dynamics SDK""Cylance REST APIs",并准确识别软件知识实体"BlackBerry"和"BlackBerry Dynamics SDK"之间的关系为"Inclusion"。同时,在训练数据集中虽然没有标注软件知识实体"BlackBerry Dynamics SDK"和"Cylance REST APIs"之间的关系,但模型却预测出两个实体间的关系为"Brother"。

在实例 4 中,模型 CS-SKG 将软件知识实体"CUDA"和"Compute Unified Device Architecture"分别抽取为"Software Platform"类型和"Software Tool"类型,造成实体抽取错误,导致没有正确识别两者之间的"Consensus"关系。

5.5　本章小结

针对传统 Pipeline 方法存在的任务依赖问题和软件知识社区文本存在的实体重叠问题,我们提出了一种基于 span 级对比表示学习的软件知识实体和关系联合抽取方法,并以软件知识社区 StackOverflow 为例进行了实验与分析。实验结果表明,span 级对比表示学习方法以 span 为单位建模句子序列,能缓解软件知识实体重叠问题;同时,有监督的实体对比表示学习和关系对比表示学习能获取实体 span 和实体对的增强特征表示,有助于提升软件知识实体和关系分类的性能。

第6章

基于知识图谱和领域知识偏好感知的软件专家推荐方法

6.1 引言

目前,以 Quora①、StackOverflow、Zhihu② 和 Baidu Knows③ 等为代表的知识分享社区快速发展,为互联网用户提供了一个分享专业知识和获取专业技能的知识交流平台。通过广大互联网用户参与问题发布、答案提交和评论等社区活动,这些平台积累了海量的领域知识文本,从而可以满足用户的领域知识需求。

软件知识社区 StackOverflow 以软件知识问答的方式,帮助软件开发人员分享、获取有关 API 使用、代码示例和 Bug 异常等软件知识,解决软件开发过程中遇到的问题,进而提升个人能力和软件开发效率。据统计,软件知识社区 StackOverflow 共提交了 3000 多万个问题,其中,约 70％的问题获得被用户接受的答案,有 900 万个问题因为问题重复、标签错误和缺少领域专家关注等而没有获得用户接受的答案,仍处于待回答状态。大量待回答的问题和缺少领域专家的参与,成为软件知识社区面临的重要挑战。如何找到问题相关的软件领域专家,并提供高质量的答案,对于软件知识社区的知识共享与信息检索具有重要意义[165]。

---

① http://www.quora.com/.
② https://www.zhihu.com/.
③ https://zhidao.baidu.com/.

　　面向知识社区的软件专家推荐通过匹配软件工程领域问题和潜在答案提供者之间的关联,实现社区问答场景下的软件专家推荐任务,有助于提升问题的回答率和答案生成的质量,促进软件知识社区的快速发展。一方面,软件专家推荐任务可以减少提问者获得满意答案的等待时间,提升软件知识社区的用户体验;另一方面,可以缩短软件专家查找感兴趣问题的时间,提升专家的参与兴趣和提高专家的参与度,进而提高软件知识社区的内容生成质量[63]。同时,作为附加功能,软件专家推荐任务通过融合专家用户的知识领域和对工作岗位要求的专业技能理解,可以为软件组织和软件开发人员提供人力资源服务[166]。因此,随着软件知识社区的不断发展,待回答问题的影响日益凸显,面向社区的软件专家识别与推荐逐渐成为研究的热点。

　　当前面向社区的软件专家推荐方法依赖社区的标签系统或对问题和专家历史答案之间的交互进行建模,并利用词的共现关系或语义相似度计算来实现软件专家的识别和推荐。面向社区的软件专家推荐方法存在如下问题:

　　(1) 标签依赖问题。软件知识社区允许用户给问题标少量标签,以提供问题所属的知识领域信息,但是,大量用户标签不准确或标签错误会导致问题无法匹配合适的专家。

　　(2) 交互数据稀疏问题。在软件知识社区中,专家用户的历史答案往往只涉及部分问题信息,会造成交互数据稀疏问题,从而无法建立专家和问题之间的有效交互和关联。

　　(3) 知识关联信息缺失。由于软件知识社区文本是用户生成内容,缺乏规范性,存在数据噪声问题,基于词的共现关系或语义相似度计算的方法无法发现隐含的知识关联信息,从而导致语义不匹配,影响软件专家推荐的效果。

　　针对面向社区的软件专家推荐任务存在的标签依赖、交互数据稀疏和知识关联信息缺失的问题,我们提出一种基于知识图谱和领域知识偏好感知的软件专家推荐方法。一方面,从外部资源利用的角度,该方法将前面章节构建的软件知识图谱作为辅助资源,为软件专家推荐提供领域知识表示支持。另一方面,从任务建模的角度,该方法将专家历史问答信息建模为专家的领域知识偏好,并利用知识图谱嵌入、深度强化学习、图自监督学习和图卷积神经网络等技术,实现软件专家推荐。具体地,我们的主要工作如下:

　　(1) 将软件知识图谱作为辅助资源,利用深度强化学习模型对专家的历史问答交互信息建模,生成专家的领域知识偏好权重图,获取专家领域知识偏好的特征表示。

　　(2) 提出了一种集成图自监督学习的图卷积网络模型,以优化专家领域知识偏好的特征表示,缓解标签依赖和交互数据稀疏性问题。

（3）利用知识图谱嵌入模型 TansH，获取含有语义信息的软件知识实体嵌入表示，并通过特征融合获取含有专家领域知识偏好和实体语义关联信息的待回答问题的特征表示，以缓解知识关联信息缺失的问题。

（4）基于软件知识社区 StackOverflow 的用户信息、问答文本等构建了软件专家推荐数据集，并进行了模型对比实验和模型消融实验。

6.2　相关工作

6.2.1　基于知识图谱的推荐系统

图神经网络凭借对图结构数据出色的建模能力，可以同时学习图结构信息和节点特征信息，成为近年来的研究热点。特别是，图卷积网络、图注意力网络（Graph Attention Network，GAT）、图循环网络（Graph Recurrent Network，GRN）、超图神经网络（Hypergraph Neural Network，HGNN）等图神经网络的变体在节点分类、链接预测、药物发现、交通预测和知识推理等任务上取得了突破性的性能[167,168]。由于推荐系统的大部分数据本质上是图结构数据，许多研究工作将图神经网络技术应用到推荐领域，并逐渐成为了一种新的推荐范式，如NGCF[169]、LightGCN[170]、DiffNet[171]、Diffnet＋＋[172]和 DHCN[173]等。

由于知识图谱具有丰富的语义信息和结构信息，基于知识图谱的推荐系统可以利用用户和项目的属性，探索用户的高阶偏好，提高推荐系统性能，增强推荐结果的可解释性[72]。Zhang 等[78]通过引入知识库的结构化知识、文本知识和图像知识等辅助信息提升推荐系统的性能，其中，结构化知识利用 TransR 模型[75]学习实体的特征向量表示，文本知识和图像知识分别采用去噪自编码器和卷积-反卷积自编码器得到泛化能力更强的特征向量表示。Huang 等[79]利用 TransE 模型学习知识图谱的实体特征向量表示，并送入一个带有键值对记忆网络的 RNN 模型进行序列化推荐。其中，RNN 模型用于捕获序列化的用户偏好，键值对记忆网络用于捕获属性级的用户偏好，通过拼接两部分特征向量生成最终的用户偏好特征表示向量，进而实现用户细粒度偏好的推荐。Wang 等[80]针对传统新闻推荐系统忽略了新闻文本中知识层面信息的问题，通过引入外部知识图谱作为辅助资源，提出一种基于新闻内容和用户点击率的推荐系统。该推荐系统利用知识图谱嵌入模型和 CNN，构建了一个多通道的知识感知卷积神经网络（KCNN），将新闻的语义表示和知识表示进行融合，并通过注意力机制对候选新闻进行用户点击率预测。Wang 等[174]将推荐系统和知识图谱特征学习视为两个分离但相关的任务，采用多任务学习的框架实现了一个端到端的推荐系统。在两个任务之间设计了一个交叉特征共享单元,用于共享潜在特征信息和学习推荐系统中的项目与知识图谱中的实体之间的高阶交互,能有效缓解用户和项目交互稀疏问题。Wang 等[175]将用户与项目之间的关联作为路径,提出了 KPRN 模型,该模型通过生成实体嵌入和关系嵌入的路径表示来探索用户偏好。为了充分利用知识图谱中的信息,Wang 等[176]引入了用户偏好传播机制,提出 RippleNet 模型来捕获实体之间的高阶关系,通过细粒度的用户特征表示实现个性化推荐。针对用户的远程偏好挖掘问题,Zhang 等[177]提出了 KCRec 框架,通过知识图谱中关系的不同重要性聚合和传播用户特征和项目属性。

6.2.2　基于深度强化学习的推荐系统

深度强化学习(Deep Reinforcement Learning,DRL)将侧重于学习解决问题策略的强化学习和侧重于学习数据抽象表征的深度学习相结合,解决状态动作空间问题,被广泛应用在诸多复杂系统的感知决策任务[178],如视觉感知[103]、机器人控制[179]、自然语言处理[180]和系统优化[181]等领域。作为一种交互式学习方法,深度强化学习通过获取用户的交互行为信息,对用户的兴趣偏好进行建模,能较好缓解传统推荐系统存在的数据稀疏、冷启动和可解释性等问题,成为推荐系统领域的研究热点[182]。在商品推荐领域,Zhao 等[183]结合 CNN、GRU 网络和行动者-评论家(Actor-Critic,AC)算法,提出一种 Page-wise 的推荐方法。该方法根据用户的实时反馈,在生成下一页推荐商品的同时决定每个商品的页面位置。在新闻推荐领域,Zheng 等[184]针对新闻和用户兴趣的动态变化特征,利用 DQN(Deep Q Network)建模新闻的动态特征,将用户活跃度作为反馈信息建模用户兴趣,并利用竞争赌博机梯度下降算法进行探索,实现了一种在线新闻的个性化推荐模型。在音乐推荐领域,Wang[185]针对现有音乐推荐方法关注于用户的历史记录或反馈信息,缺乏对交互过程模拟的考虑,提出一种基于强化学习的个性化音乐推荐模型。该模型利用加权矩阵分解和卷积神经网络捕获音乐的音频特征,并将基于音乐推荐的强化学习建模为马尔可夫决策过程(Markov Decision Process,MDP),增强对用户交互过程的模拟,进而捕获用户的偏好,提升推荐系统的性能。

在知识图谱领域,Xiong 等[186]针对路径排序算法(Path-Ranking Algorithm,PRA)存在的问题,把强化学习引入知识图谱推理任务,将实体对之间的可靠路径寻找建模为序列决策过程,利用基于知识图嵌入的方法编码智能体在连续空间的状态,通过采样增量关系来扩展路径,进而在知识图谱向量空间进行推理。Ma 等[187]针对自动驾驶领域中驾驶员受周围车辆影响的问题,提出一个结合强化学习和有监督学习的框架,对驾驶员的隐状态的先验知识进行编码,结合周围车辆信息构建知识图谱,并采用基于图神经网络的图表示学习方法更新驾驶员的隐状态。

Kaiser 等[188]利用强化学习从问题和复述的对话流中学习有效信息,从而通过知识图谱找到正确答案。该模型将回答过程建模为多个 agent 在知识图谱上并行游走,游走的路径通过策略网络选择的动作决定。Zhou 等[189]为处理用户动态偏好和逐渐累积的项目,将交互式推荐建模为马尔可夫决策规划问题,把强化学习引入交互式推荐系统,并利用知识图谱中项目相关的先验知识来优化候选推荐项目的选择。为了对知识图谱中的情感关系进行建模,Park 等[190]基于评论和项目评分构建情感感知知识图谱,并提出基于强化学习策略的情感感知策略学习,以提高推荐的性能。为了提高推荐的准确性和可解释性,Wang 等[191]提出一种针对知识图谱的多层次推荐推理的强化学习框架,该框架基于本体视图和实例视图获得多层次用户偏好。

6.2.3　面向社区的软件专家识别和推荐

随着推荐系统和软件知识社区的发展,软件领域专家识别和推荐得到了广泛关注。针对软件开发人员在库、框架等方面的专业知识评价问题,Montandon 等[192]分别采用无监督和有监督学习方法,从协同开发社区 Github 的用户提交数据中,识别 facebook、mongodb 和 socketio 这三个 JavaScript 库的软件领域专家。为了识别和推荐软件工程安全领域专家,Bayati[193]利用软件知识社区 StackOverflow 的数据集,结合本体理论和专业术语库,通过查找回答相似标签问题的次数和得票值最高的用户,来计算专家用户的等级,并作为专家候选人排序的依据。Huang 等[194,195]利用词嵌入方法将软件知识社区 StackOverflow 的问题文本转换成词向量,并利用基于图的聚类算法对词向量进行聚类,抽取问题文本所属的知识领域,最后利用矩阵分解的方法计算问题与历史答案的语义相似度,从而实现面向知识社区的软件专家推荐。Nobari 等[196]将软件知识社区 StackOverflow 的 tags 视为技能领域,分别提出基于互信息的方法和基于领域感知的词嵌入方法,将技能领域转换为领域关键字,以提升专家与问题之间的匹配度。Dehghan 等[197]为度量专家查询语句和候选专家生成内容之间的相似度,提出了一种基于单词聚类的翻译模型,用于专家排序和专家推荐,并基于软件知识社区 StackOverflow 对模型的性能进行了验证。

针对问答社区专家识别方法存在词汇不匹配的问题,Fallahnejad 和 Beigy[198]提出了一种基于注意力的技能翻译模型解决技能和专家候选人的不匹配问题。该方法利用多标签分类器将每个问题作为输入,并预测与问题相关的技能;同时,利用注意力机制使模型专注于给定输入的特征并预测正确的标签。从而获得每个技能更相关的翻译,缓解词汇不匹配问题,提高专家识别的性能。为了避免传统问答

社区专家识别方法将问题推荐给不愿意或不具备能力提供高质量答案的专家,Liu
等[199]从用户兴趣漂移和用户质量的角度出发,提出了一种基于多粒度语义分析
和兴趣漂移的问答社区高质量领域专家发现方法 HQExpert。首先,该方法利用
多粒度主题模型 LCLDA 和细粒度模型 BERT 来考虑不同的语义粒度,从而更准
确地捕获问题和用户的领域信息;其次,针对用户兴趣的多样性,建立了用户兴趣
漂移模型,动态表征用户在不同时期的兴趣变化;最后,设计了一个用户质量评价
模型,进一步优化用户的专业水平,检索具备提供高质量答案能力并对当前问题感
兴趣的专家。针对问答社区专家推荐方法存在忽略用户专业能力、用户兴趣迁移
和其他未被接受的好答案等问题,Zahedi 等[200]提出一种基于时间感知专家推荐
的双级匹配聚合模型 MATER。该模型首先通过句子级匹配聚合模型将目标问题
与用户配置文件中的每个问题进行匹配;其次,设计了一个考虑了用户的时间感
知兴趣和专业知识的多角度时间感知聚合层对问题匹配结果进行聚合;最后,采
用了考虑排名策略中所有潜在专家的列表损失函数进行模型训练。

6.3　模型与方法

6.3.1　任务建模与方法分析

我们所指的软件专家推荐任务是面向软件知识社区的问题路由和专家发现的
任务综合,其目标是通过将待回答问题和专家历史问答信息建模为问题所属的知
识领域和专家的领域知识偏好,建立待回答问题和潜在答案提供者之间的匹配关
系,可以形式化定义为一个 6 元组 $SER = (q', U, q_{u_i}, Y_{u_i}, \overline{U}, NA)$,其中:

q' 为待回答问题;

U 为专家用户集合,$U = \{u_1, u_2, \cdots, u_n\}$;

q_{u_i} 为专家用户 u_i 的历史问答集合,$q_{u_i} = \{q_1^i, q_2^i, \cdots, q_m^i\}$,$u_i \in U$;

$Y_{u_i}(q')$ 为预测专家用户 u_i 回答问题 q' 概率的函数,$Y_{u_i}(q') \in \overline{U} \cup \{NA\}$;

$\overline{U}$ 为待推荐的专家集合,$\overline{U} \in U$;

NA 为非专家。

例如,对于软件知识社区的待回答问题 "*How do I manually throw/raise an
exception in Python?*",获取该问题所属知识领域为 "*python exception*";根据专家用
户的历史问答信息,获取专家用户 u_1 的领域知识偏好为 "*python*",专家用户 u_2 的领
域知识偏好为 "*javascript*";因此,软件专家推荐任务的目标是预测出专家用户 u_1 回
答该问题的概率较大,并将专家用户 u_1 作为该问题的最佳答案提供者候选人。

同时,为规范我们的内容表述,对相关符号进行了汇总说明,如表 6-1 所示。

表 6-1　符号汇总表

符　　号	含　　义
q'	待回答问题
u_i, U	专家用户,专家用户集
q_{ui}	专家用户的历史问答集
$\bar{U}$	推荐专家列表
G	知识图谱
h	头实体
t	尾实体
r	关系
E_u	专家用户历史问答实体集
e_i	实体或节点
S	状态
A	动作
O	路径
R	奖励
En	欧拉常数
Q	深度 Q 网络

针对面向知识社区的软件专家推荐任务的目标和存在的问题,我们提出一种基于知识图谱和领域知识偏好感知的软件专家推荐方法,记为 EPAN-SERec,主要包括领域知识偏好学习、领域知识偏好优化表示、领域知识偏好特征融合和软件专家推荐四个模块,如图 6-1 所示。

在领域知识偏好学习模块,利用深度强化学习模型对专家的历史问答交互信息进行建模,学习专家的领域知识偏好表示,生成特定专家的领域知识偏好权重图。

在领域知识偏好优化表示模块,设计了一个集成图自监督学习的图卷积网络,优化专家领域知识偏好的特征表示。

在领域知识偏好特征融合模块,利用翻译模型 TransH 获取含有语义信息的软件知识实体嵌入表示,并通过融合专家的领域知识偏好,获取待回答问题的最终嵌入表示。

在软件专家推荐模块,提取专家的标签信息和历史交互信息,生成专家的嵌入表示。同时,对专家的嵌入表示和待回答问题的嵌入表示进行拼接,并利用深度神经网络(Deep Neural Networks,DNN)对专家回答该问题的概率进行预测,从而实现软件专家推荐。

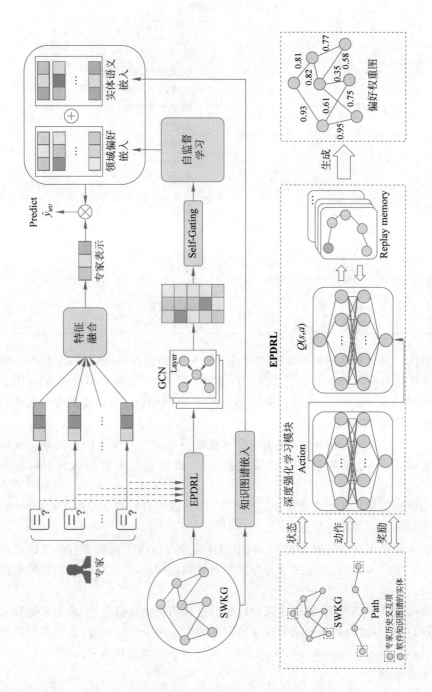

图 6-1　EPAN-SERec 整体架构图

6.3.2　领域知识偏好学习

结合专家的历史问答交互信息,建模和发现专家的领域知识偏好对基于知识图谱的软件专家推荐任务具有重要作用,有助于提升专家推荐的准确度。我们利用软件知识图谱作为辅助资源,设计一个基于深度强化学习的领域知识偏好学习模块 EPDRL,通过建模专家的历史问答交互信息,获取专家的领域知识偏好。

EPDRL 模块以软件知识图谱为基础,将专家领域知识偏好的学习过程描述为网络游走过程,通过构建专家历史问答交互节点间的路径来学习知识图谱的节点边权重。具体地,将知识图谱的网络游走的过程表示为马尔可夫决策过程[201],通过决策函数决定游走的方向,同时,利用 Double DQN 模型进行模型训练和奖励优化,进而获得专家的领域知识偏好权重图,用于下游的软件专家推荐任务。具体的领域知识偏好学习过程描述如下:

给定知识图谱 $G=(E,R)$ 和专家 u_i 的历史问答实体集 E_u,软件知识实体 $e_i \in E_u$ 和 $e_j \in E_u$ 之间相互关联,存在一条或者多条由节点及边组成的路径 O,该路径 O 上的节点及边的距离反映出专家 u_i 的领域知识偏好及重要程度。

首先,深度强化学习的 agent 随机选定节点 e_i 作为网络游走的初始起点,并构造一个路径序列 $O_i=(e_i)$。agent 以节点 e_i 的邻居节点作为游走的候选方向,通过执行 action 选择连接到节点 e_i 的另一个节点 e_j,记录节点 e_i 和节点 e_j 之间的边,并将节点 e_j 加入路径序列,得到 $O_i=(e_i,e_j)$。当执行 action 后新加入的节点 $e_m \in E_u$ 时,该条路径游走结束,生成路径序列 $O_i=(e_i,e_j,\cdots,e_m)$,并给予该路径序列相应的奖励 R_i,然后开始新的路径游走过程。

其次,为了获取专家全面的领域知识偏好,在 agent 遍历专家 u_i 的所有历史问答实体集后,整个网络游走过程将结束,并获得路径序列及其奖励集合 $OR=\{(O_i,R_i),\cdots,(O_n,R_n)\}$。

最后,根据路径序列及其奖励集合 OR 调整节点间的边权重,在进行归一化处理后,生成专家 u_i 的领域知识偏好权重图。

由此,基于深度强化学习的领域知识偏好学习由马尔可夫决策过程和基于深度神经网络的 Q 网络两部分组成。

1. 马尔可夫决策过程

将外部软件知识图谱上的网络游走过程建模为马尔可夫决策过程,并利用四元组 $M=(S,A,O,R)$ 进行定义,其中,S 为连续的状态空间,A 为网络游走的动作集,O 为路径序列,R 为状态-动作对的奖励函数。

定义 6.1　状态(State)。在 EPDRL 模块中,状态 s_i 是对当前 i 时间步的路径

序列 O_i 的描述,由路径序列 O_i 中所有节点的图结构信息组成。

采用图嵌入模型 Node2Vec[202] 获取节点的图结构信息,记为 $f = X^{1 \times m}$。因此,对于路径序列 $O_i = (e_i, e_j, \cdots, e_m)$,当前 i 时间步的状态向量定义为

$$s_i = [f_1; \cdots; f_i] \tag{6.1}$$

式中:符号"[;]"表示向量拼接。

定义 6.2 动作(Action)。将动作 a_i 定义为 agent 在奖励策略下将某一节点 e_i 添加到当前的路径序列 O_i 的过程,是对网络游走的描述。

在基于知识图谱的软件专家推荐过程中,为获取专家用户更多的领域知识偏好,agent 会选择到达目标节点奖励最高的路径。设 agent 执行动作 a_i,选择将节点 e_i 添加到路径序列,状态 s_i 会引起变迁,由 s_i 更新为 s_{i+1},则当前 i 时间步的动作向量定义为

$$a_i = [f_i] \tag{6.2}$$

定义 6.3 奖励(Reward)。将奖励 R_i 作为动作的反馈指导网络游走过程,当新添加到路径序列 O_i 的节点(目标节点)为专家 u_i 的历史问答实体时,给予当前路径序列相应的奖励 $R_i = \text{RD}$,其中,RD 为人工设定的数值(如 RD=10)。

根据生成的路径序列 $O_i = (e_i, e_j, \cdots, e_m)$ 和对应的奖励 R_i 可以为路径序列的边赋予不同的奖励(权重)。在路径序列 $O_i = (e_i, e_j, \cdots, e_m)$ 中,距离目标节点 e_m 越近的边赋予较高的奖励(权重),距离目标节点 e_m 越远的边赋予较低的奖励(权重),因此,节点间边的奖励(权重)分配函数定义为

$$w(e_{ij}) = \frac{1}{En^{d-1}} R_i \tag{6.3}$$

式中:e_{ij} 为节点 e_i 和节点 e_j 之间的边;d 为节点 e_i 到目标节点 e_m 的距离;En 为欧拉常数;R_i 为路径序列的奖励。

对于未出现在任何一条路径序列 $O_i = (e_i, e_j, \cdots, e_m)$ 的节点,可知这些节点与专家 u_i 的历史问答知识关联性较小,可以默认赋予这些节点较小的边权重。

另外,在软件知识图谱的网络游走过程中,为避免游走路径出现闭环或路径过长的情况,在更新路径序列时,对待添加的节点进行重复性检测;同时,设定路径长度限制阈值 K,当路径距离 $d > K$ 时,停止更新路径序列,并返回一个负值奖励 $-\text{RD}$。对于节点不重复,且路径距离 d 未达到长度阈值 K,但无法添加新节点到路径序列的情况,也将停止更新路径序列,并反馈一个负值奖励 $-\text{RD}$。

2. 基于深度神经网络的动作值函数

软件知识图谱的网络游走过程是以专家 u_i 的历史问答实体集中的节点作为游走路径的起始阶段,初始状态为 s_0,对于当前状态 s_i,由贝尔曼方程[203]可知,

agent 的目标是寻找最大奖励回报的动作 a_i。由于软件知识图谱的节点及节点间关系复杂，网络游走的动作空间大，因此，使用一个深度神经网络作为 Q 网络拟合动作值函数，其架构如图 6-2 所示。

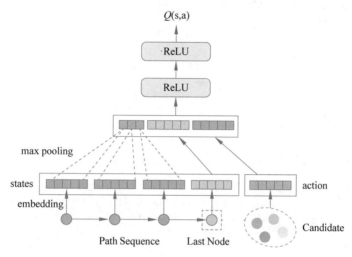

图 6-2 Q 网络架构图

由图 6-2 可知，在网络游走产生的路径序列 $O_i = (e_1, \cdots, e_{i-1}, e_i)$ 中，最后一个节点 e_i 与动作 action 候选集中的节点相邻，决定路径游走的方向。因此，相对于其他节点，当前路径序列的最后一个节点对动作 action 的选择具有重要作用。同时，为简化 Q 网络的输入表示，对路径序列中最后一个节点之外的节点进行了池化操作。

例如，对于路径序列 $O_i = (e_1, \cdots, e_{i-1}, e_i)$，对应的状态为 $s_i = [f_1; \cdots; f_{i-1}; f_i]$，池化操作如下：

$$O' = \mathrm{maxpool}[f_1; \cdots; f_{i-1}; f_i] \tag{6.4}$$

$$\boldsymbol{s}'_i = [O'; f_i] \tag{6.5}$$

式中：O' 是不包含最后一个节点的路径序列的最大池化结果；$\boldsymbol{s}'_i$ 是当前状态 s_i 池化后的向量表示。

因此，Q 网络的输入为当前节点向量、当前节点之前的池化向量和待加入节点向量，Q 网络的输出为状态 s_i 下执行动作 a_i 的回报价值：

$$Q(s_i, a_i) = f_\theta([\boldsymbol{s}'_i; a_i]) \tag{6.6}$$

式中：$f_\theta(\cdot)$ 为图 6-2 所示的深度神经网络。

由此，基于深度强化学习的领域知识偏好学习过程可以描述为算法 6-1。

算法 6-1　基于深度强化学习的领域知识偏好学习

Input: 初始路径序列 O_i，初始状态 s_0
Output: 专家 u_i 的领域知识偏好权重图 $G_i = (E, R)$

1.　**Begin**
2.　　初始化策略网络和值网络
3.　　初始化内存
4.　　　**for** each episode in range EPISODES **do**
5.　　　　**for** each step i in E_u **do**
6.　　　　　随机选择节点 e_i，并添加到路径 O_i
7.　　　　　根据策略网络选择动作 a_i
8.　　　　　通过与 agent 交互，得到奖励 R_i，下一个节点 e_j，下一个状体 s_{i+1} 和新的路径 O_i
9.　　　　　根据动作 a_i 选择节点 e_j
10.　　　　　**if** e_j in E_u **then**
11.　　　　　　$R_i = 10$　　　　　　　　　　//给予奖励
12.　　　　　　**if** length(O_i) < K **then**　　　//路径 O_i 的长度小于阈值 K
13.　　　　　　　更新状态 $s_i = s_{i+1}$ 和路径 $O_i = O_i + e_j$
14.　　　　　　　更新值网络和策略网络
15.　　　　　　**else**
16.　　　　　　　do step 6//路径 O_i 的长度大于阈值 K，结束本次游走
17.　　　　　　**endif**
18.　　　　　**else**
19.　　　　　　$R_i = -10$　　　　　　　　　//给予惩罚
20.　　　　　**endif**
21.　　　　　返回奖励 R_i 和路径 O_i
22.　　　　　根据式(6.3)得到节点 e_i 和 e_j 间的边权重 $w(e_{ij})$
23.　　　　**endfor**
24.　　　**endfor**
25.　　归一化边权重
26.　　返回专家 u_i 的领域知识偏好权重图 $G_i = (E, R)$
27.　**End**

6.3.3　领域知识偏好优化表示

获取专家的领域知识偏好权重图后，我们设计了一个集成图自监督学习的图卷积网络，学习、优化专家领域知识偏好的向量表示。

1. 基于 GCN 模型的软件知识表示学习

我们利用 GCN 学习问题所属知识领域和专家领域知识偏好的表示，为下游的软件专家推荐任务提供支持。

对于一个传统的 L 层 GCN 网络[90]，节点 i 通过图卷积操作聚合该节点自身及其相邻节点的特征，其节点输出表示如下：

$$h_i^l = \sigma(\widetilde{D}^{-\frac{1}{2}} A \widetilde{D}^{-\frac{1}{2}} h_i^{l-1} W) \tag{6.7}$$

式中：σ 为非线性激活函数；A 为邻接矩阵，$\widetilde{D}$ 为 A 对应的度矩阵；h_i^{l-1} 为第 l 层节点的输入；h_i^l 为第 l 层节点的输出；W 为权重矩阵。

由于专家的领域知识偏好权重图是带边权重的图结构数据，传统 GCN 无法融合边权重信息进行节点的聚合操作，需要对传统 GCN 进行扩展。具体方法如下：

（1）根据领域知识偏好权重图的边权重信息更新邻接矩阵，即 $A_{ij}=w_{ij}$，w_{ij} 为节点 i 和 j 之间的边权重；同时，为每个节点添加自循环，即 $A_{ii}=1$；进而得到 $\hat{A}=A+I$。

（2）由于不同节点的出入度及邻接的边权重不同，节点自身的特征具有很大的差异性，为节点自身赋予自循环权重：

$$A_{ii}=w(e_i)=\frac{1}{d(e_i)}\sum_{j=1}^{k} w_{ij} \tag{6.8}$$

式中：$d(e_i)$ 为节点 e_i 的度；w_{ij} 为节点 e_i 相邻的边权重；k 为节点 e_i 的相邻边的总数。计算所有节点的自循环权重，得到 $\hat{I}$。

（3）更新邻接矩阵：

$$\bar{A}=\widetilde{A}+\hat{I} \tag{6.9}$$

至此，扩展后的 L 层 GCN 网络节点输出为

$$h_i^l = \sigma(\widetilde{D}^{-\frac{1}{2}} \bar{A} \widetilde{D}^{-\frac{1}{2}} h_i^{l-1} W) \tag{6.10}$$

式中：σ 为非线性激活函数；$\widetilde{D}$ 为 $\bar{A}$ 对应的度矩阵；h_i^{l-1} 为第 l 层节点的输入；h_i^l 为第 l 层节点的输出；W 为权重矩阵。

2. 基于图自监督学习的领域知识偏好优化

在表征学习领域，自监督学习通常作为一种预训练策略或一种辅助任务用于改进模型的特征提取能力。我们遵循主任务和辅助任务的范式，建立了一个基于图自监督的辅助任务，从大量无监督的领域知识偏好中学习可迁移的知识，用于监督信息的下游任务，提高推荐系统的准确性和鲁棒性。DGI[204] 利用局部-全局互信息最大化的方法，学习图结构数据中节点的特征表示，下游任务的性能甚至超过有监督学习方法。我们借鉴 DGI 的思想，利用软件知识图谱的层次结构进一步将图节点互信息最大化扩展到细粒度级别，并通过一个读出函数得到子图的表示：

$$E_L = \frac{\gamma a_i^u}{\mathrm{sum}(a_i^u)} \tag{6.11}$$

式中：γ 是为了减轻主任务与辅助任务之间的梯度冲突；a_i^u 是中心软件知识实体

i 在对应用户 u 的邻居矩阵中的行向量；E_L 是考虑子图结构中每个关系权重的子图嵌入表示。

在 EPDRL 模块中，根据每位专家的历史问答交互，生成了专家特定的领域知识偏好权重图，我们根据该权重图的边权重值选择相应比例的邻域结构子图作为正样本；同时，通过随机打散邻接矩阵的节点特征表示，采样相同结构子图作为负样本。这个目标可以通过分层最大化软件知识实体的表示和以软件知识实体为中心的软件知识图谱子图之间的互信息实现：

$$L_{\text{con}} = -\lg \frac{\sum\limits_{i \in E_G^{\text{Pos}}} f_D(\boldsymbol{A}, i)}{\sum\limits_{i,j \in E_G^{\text{Pos}}, E_G^{\text{Neg}}} f_D(i, j)} - \lg \frac{\sum\limits_{i \in E_L^{\text{Pos}}} f_D(\boldsymbol{A}, i)}{\sum\limits_{i,j \in E_L^{\text{Pos}}, E_L^{\text{Neg}}} f_D(i, j)} \tag{6.12}$$

式中：$f_D(\cdot)$ 是一个鉴别器函数，将两个向量作为输入，并对它们之间的一致性进行评分；$\boldsymbol{A}$ 是软件知识实体的邻接矩阵；L_{con} 被用作推荐任务中的正则化器以获得更好的推荐表现。

6.3.4　领域知识偏好特征融合

针对待回答问题的实体语义特征，利用翻译模型 TransH 获取含有语义信息的软件知识实体嵌入表示，并通过融合专家的领域知识偏好特征表示，生成待回答问题的最终嵌入表示，进而解决待回答问题和专家偏好之间的隐含知识关联信息缺失问题。

知识图谱嵌入是在保持原有知识图谱的结构信息不变的情况下，将实体和关系表示为低维稠密的实值向量，便于链接预测、推荐系统等下游任务的计算。为解决知识图谱中一对多、多对一、多对多等复杂关系问题，翻译模型 TransH 将关系解释为超平面上的转换操作，让同一实体在不同关系中具有不同的表示。因此，我们利用翻译模型 TransH 学习软件知识图谱中实体的嵌入表示，获取软件知识实体和关系的语义特征。

对于软件知识图谱的关系三元组实例 $(\boldsymbol{h}, \boldsymbol{r}, \boldsymbol{t})$，TransH 模型的得分函数定义如下：

$$f_r(\boldsymbol{h}, \boldsymbol{t}) = \| \boldsymbol{h}_{\perp} + \boldsymbol{d}_r - \boldsymbol{t}_{\perp} \|_2^2 = \| (\boldsymbol{h} - \boldsymbol{w}_r^{\mathrm{T}} \boldsymbol{h} \boldsymbol{w}_r) + \boldsymbol{d}_r - (\boldsymbol{t} - \boldsymbol{w}_r^{\mathrm{T}} \boldsymbol{t} \boldsymbol{w}_r) \|_2^2$$

$$\tag{6.13}$$

式中：$\boldsymbol{h}_{\perp} = \boldsymbol{h} - \boldsymbol{w}_r^{\mathrm{T}} \boldsymbol{h} \boldsymbol{w}_r$ 和 $\boldsymbol{t}_{\perp} = \boldsymbol{t} - \boldsymbol{w}_r^{\mathrm{T}} \boldsymbol{t} \boldsymbol{w}_r$ 分别为 $\boldsymbol{h}$ 和 $\boldsymbol{t}$ 到超平面 $\boldsymbol{w}_r$ 的投影；$\boldsymbol{d}_r$ 为关系 r 的平移向量；$\boldsymbol{w}_r$ 的范数约束为 1。

为了最大化关系三元组的正、负样本差异，对于正确的三元组得分函数打分越低越好，对于错误的三元组得分函数打分越高越好。因此，TransH 模型采用如下损失函数进行模型训练：

$$L = \sum_{(\boldsymbol{h},\boldsymbol{r},\boldsymbol{t})\in\varphi} \sum_{(\boldsymbol{h}',\boldsymbol{r}',\boldsymbol{t}')\in\varphi'} \max(0, f_r(\boldsymbol{h},\boldsymbol{t}) + \gamma - f_r(\boldsymbol{h}',\boldsymbol{t}')) \qquad (6.14)$$

式中：φ、φ'分别为关系三元组的正、负样本集；γ为正、负关系三元组样本的间隔值。

在特征融合过程中，首先建立两个特征通道之间的实体对应关系，以确保实体的一致性；然后对专家领域知识偏好特征和软件知识实体嵌入特征进行了归一化处理，将它们映射到相同的尺度上，以避免潜在的数值偏差对特征融合结果带来影响。基于我们的实验发现，这两类特征对最终推荐目标的贡献具有互补性，因此采用加权求和的方法来融合这两种特征。具体而言，将两个特征按照一定的权重进行线性组合，利用一个多层感知机根据不同的数据和上下文信息来自适应地确定每个特征的重要性，并通过训练数据和反向传播算法来学习融合权重。将专家领域知识偏好特征和软件知识实体嵌入特征的信息融合在一起，捕捉到它们之间的互补性，从而提供更准确和全面的推荐结果。

6.3.5　软件专家推荐

在面向社区的软件专家推荐场景中，对于特定的待回答问题，专家用户的不同历史问答信息会产生不同的贡献，因此引入注意力机制对专家用户的不同历史问答信息分配不同的权重。

给定待回答问题q'和专家用户u_i的历史问答集合$q_{u_i} = \{q_1^i, q_2^i, \cdots, q_m^i\}$，其对应的向量表示分别为$e(q')$和$\boldsymbol{E} = \{e(q_1^i), e(q_2^i), \cdots, e(q_m^i)\}$，则专家用户$u_i$的每个历史问答相对于待回答问题的权重为

$$a_k = \frac{\exp(e(q') \cdot e(q_k^i))}{\sum_{j=1}^{m} \exp(e(q') \cdot e(q_j^i))} \qquad (6.15)$$

由此，专家用户u_i相对于待回答问题q'的领域知识向量表示可以通过加权求和的方式获得，即

$$e(u_i) = \sum_{k=1}^{m} a_k \cdot e(q_k^i) \qquad (6.16)$$

至此，将待回答问题和专家的历史问答信息分别建模为问题所属知识领域和专家的领域知识偏好，获得对应的向量表示$e(q')$和$e(u_i)$。

通过将$e(q')$和$e(u_i)$输入一个深度神经网络，对专家用户u_i回答问题q'的概率进行预测，从而实现软件专家推荐。因此，专家u_i回答问题q'的概率为

$$\hat{y}_i = \mathrm{ReLU}(\boldsymbol{W}_l[e(q'); e(u_i)] + b_l) \qquad (6.17)$$

式中：ReLU 为非线性激活函数；W_l、b_l 分别为深度神经网络第 l 层的权重矩阵和偏置项；$[e(q'); e(u_i)]$ 表示问题所属知识领域和专家领域知识偏好的向量拼接。

在深度神经网络的最后一层利用 sigmoid 函数作为输出，将预测的概率值 $\hat{y}_i$ 转换到在 $0 \sim 1$ 的范围，并采用交叉熵作为模型的损失函数使得预测值 $\hat{y}_i$ 接近真实值 y_i：

$$L(\theta) = -\sum y_i \log \hat{y}_i + (1 - y_i) \log(1 - \hat{y}_i) \tag{6.18}$$

最后，统一推荐任务和最大化分层互信息任务的目标用于联合学习：

$$L = L(\theta) + \beta L_{con}$$

式中：β 为控制自监督损失约束的超参数；$L(\theta)$ 为基于交叉熵的推荐预测损失；L_{con} 为利用知识图谱的结构信息丰富推荐任务中的软件知识实体特征表示。

综上所述，我们所提出的基于知识图谱和领域知识偏好感知的软件专家推荐方法的处理流程可以描述为算法 6-2。

算法 6-2　基于知识图谱和领域知识偏好感知的软件专家推荐方法

Input: 待回答问题 q'，专家 u_i 的历史问答集 q_{u_i} 和领域知识偏好权重图 G_i，软件知识图谱
Output: 专家 u_i 回答问题 q' 的概率

1. 　**Begin**
2. 　　初始化参数
3. 　　获取待回答问题 q' 和软件知识图谱
4. 　　**for** u_i from U **do**
5. 　　　调用算法 6-1，获取专家 u_i 的领域知识偏好权重图 G_i
6. 　　　集成图自监督学习获取专家的领域知识偏好表示
7. 　　　基于知识图谱嵌入方法获取含有语义信息的软件知识实体嵌入表示
8. 　　　生成问题的向量表示 $e(q')$
9. 　　　**for** q_k^i from q_{u_i} **do**
10. 　　　　获取专家历史问答的向量表示 $e(q_k^i)$
11. 　　　**endfor**
12. 　　　利用注意力机制生成专家的向量表示 $e(u_i)$ 　　　//式(6.15)、式(6.16)
13. 　　　拼接向量 $e(q')$ 和 $e(u_i)$
14. 　　　返回预测的概率值 $\hat{y}$ 　　　　　　　　　　//式(6.17)
15. 　　**endfor**
16. 　**End**

主要分为以下四个步骤：

（1）利用基于深度强化学习的领域知识偏好学习，获取专家的领域知识偏好权重图；

（2）利用基于集成图自监督学习的图卷积网络，获取、优化专家领域知识偏好的特征表示；

（3）利用翻译模型 TransH 获取含有语义信息的软件知识实体嵌入表示，并通过融合专家的领域知识偏好特征表示，生成待回答问题的嵌入向量表示 $e(q')$；

（4）利用专家的历史问答交互信息和注意力机制，获取专家的最终嵌入表示 $e(u_i)$，并利用深度神经网络对专家回答问题的概率进行预测，进而实现软件专家推荐任务。

6.4　实验与分析

我们以软件知识社区 StackOverflow 为例，对所提出方法的性能进行实验与分析。实验的软硬件环境配置与前面章节一致。

6.4.1　数据集构建

如同前面章节，面向知识社区的软件专家推荐任务缺乏公开适用的标注数据集，我们选取软件知识社区 StackOverflow 为例，根据用户信息、问答文本等构建实验所需的专家推荐数据集。在软件知识社区 StackOverflow 中，用户通过提出好的问题或提供被接受的答案来获取声望值，高的声望值表示该用户具有较大的影响力。因此，数据集构建的策略如下：

（1）结合用户的声望值、活跃度和用户标签，筛选出涉及编程语言、系统平台、软件 API、软件工具、软件开发库、软件框架、软件标准、软件开发过程等领域的专家。

（2）根据每位专家提供最佳答案的情况，获取该专家被采纳的高评分问题，同时随机选取相同数量与上述专家无关的高评分问题。

（3）提取这些问题的标题和对应的标签，并进行软件知识实体标注，形成软件专家推荐数据集，相关的信息如表 6-2 所示。采用交叉验证的方法分 10 次对 EPAN-SERec 框架进行训练和测试，每次随机将软件专家推荐标注数据集按 6：2：2 的比例划分为训练集、验证集和测试集，并取平均值作为最终性能结果。

表 6-2　数据集详细信息

名　　　称	值
专家用户	54
问题	10152
每个标题的平均字数	9.4
每个标题的平均实体	4.1
实体类型	5

续表

名　　称	值
关系类型	8
实体总数	24705
关系三元组总数	55232

　　软件知识图预定义了 8 种实体类型和 5 种关系类型,包括 24705 个实体和 55232 个关系三元组,使用图数据库 Neo4j 进行数据存储。Neo4j 用节点和边表示知识,以图形化的方式显示关系三元组,支持图查询语言和图挖掘算法。

　　同时,我们对上述数据集中的软件知识问题和专家进行了统计分析,相关情况如图 6-3 所示。

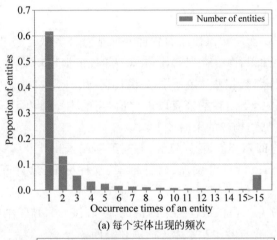

(a) 每个实体出现的频次

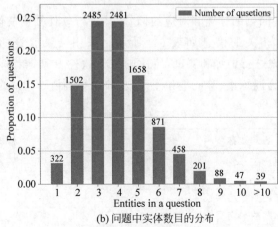

(b) 问题中实体数目的分布

图 6-3　软件专家推荐数据集的统计分析

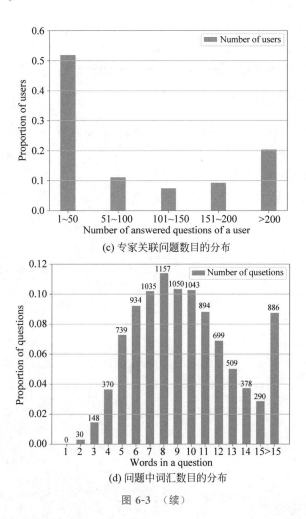

(c) 专家关联问题数目的分布

(d) 问题中词汇数目的分布

图 6-3 （续）

图 6-3(a)表示问题中实体出现的频次。由图可见,大约有 60％的软件知识实体只出现了一次,这说明该数据集所涉及的软件知识领域具有多样性,也为建模和分析问题与专家之间的相关性提出了更高的要求。

图 6-3(b)表示一个软件知识问题所包含实体数目的分布情况。由图可知,2481 个问题中包含 4 个软件知识实体,且大部分问题包含 2～6 个软件知识实体。

图 6-3(c)表示专家关联问题数目的分布情况。由图可见,软件知识社区 StackOverFlow 的专家会与很多的问题交互,这表明专家在其专业领域具有广泛的知识面和经验,有效建模专家的领域知识偏好表示,可以提升专家推荐的精确性。

图 6-3(d)表示问题中词汇数目的分布情况。由图可见,1157 个问题由 8 个词汇组成,每个问题的平均词汇数目为 9.4,且平均每 2.4 个词中就包含了一个实体,这说明软件问答文本中软件知识实体呈现高密度的分布。

6.4.2　超参数设置

在基于知识图谱和领域知识偏好感知的软件专家推荐框架 EPAN-SERec 的训练过程中,基于深度强化学习的领域知识偏好学习模块采用 Double DQN 模型进行训练和优化,实体嵌入的维度为 100 维,初始学习率设为 1e－4,采用 Categorical Cross Entropy 作为损失函数,Adam 作为优化器。相关超参数设置如表 6-3 所示。

表 6-3　模型超参数设置

参　数　名　称	参　数　值
Batch_size	128
Hop number	2
Neighbor sample size	8
Graph embedding	Node2Vec
KG embedding	TransH
Entity embedding dimension	100
Learning rate	1e－4
L2_weight	1e－6
Optimizer	Adam

6.4.3　基线方法

为了验证我们所提出的软件专家推荐框架 EPAN-SERec 的性能,分别选取了基于协同过滤、基于嵌入、基于知识图谱和基于深度强化学习等经典模型作为基线模型进行对比实验,实验数据为我们构建的软件专家推荐标注数据集。

CF 模型[205]是一种常见的基于协同过滤的推荐算法,它利用用户历史行为数据计算用户之间的相似度,预测用户对物品的评分或喜好。

KPCNN 模型[206]是一种基于嵌入的短文本分类算法。利用该方法中句子分类的卷积神经网络来学习软件知识问题的表示,进而实现推荐任务。

CKE 模型[78]为了解决协同过滤方法 user-item 矩阵的稀疏问题,通过结构化内容、文本内容和可视化内容,将知识库作为辅助信息联合学习协同过滤的潜在信息以及项目的语义表示,进而实现推荐任务。

DKN 模型[80]设计了一个基于单词、实体的多通道和知识感知卷积神经网络,融合新闻的语义表示和知识表示,在新闻数据上取得较好的推荐效果。本书抽取待回答问题和专家历史问答的标题文本作为 DKN 模型的输入,实现专家推荐。

RippleNet 模型[176]通过类似水波扩散的方式探索用户的潜在兴趣。本书将问题与其包含的软件知识实体在知识图谱中扩散,以获得实体和用户的嵌入表示。

KGAT 模型[207]通过注意力机制学习知识图谱中实体间的高阶权重关系。将专家与历史问答中的软件知识实体关联起来,自适应地传播节点邻居的嵌入,以更新软件知识实体的嵌入表示。

KGQR 模型[189]是一个基于强化学习和知识图谱的推荐模型,它将知识图谱作为先验知识来丰富项目表示和用户状态,并在知识图谱中传播用户的偏好特征。本书将问题作为项目并与其包含的软件知识实体在知识图谱中进行关联。

6.4.4 对比实验结果与分析

在 CTR 预测和 Top-K 推荐两种实验场景下,EPAN-SERec 与基线的对比实验结果分别如表 6-4 和图 6-4 所示。

表 6-4　CTR 预测中 AUC、ACC 和 $F1$ 的结果对比

模　　型	AUC/%	ACC/%	$F1$/%
CF	63.10	61.33	60.27
KPCNN	69.12	66.15	67.06
CKE	74.15	71.61	72.30
DKN	71.43	69.48	68.19
RippleNet	77.35	73.13	75.22
KGAT	76.62	72.87	73.30
KGQR	77.92	73.54	74.42
EPAN-SERec	**84.32**	**77.68**	**78.11**

从模型对比实验结果可知,EPAN-SERec 框架在两种实验场景下都取得了最好的性能。具体来看,在 CTR 预测场景中,相比较其他 7 个基线模型,评价指标 AUC 值增加 7%~21%,准确率 ACC 增加 4%~16%,F1 值增加 3%~18%,如表 6-4 所示。在 Top-K 推荐场景中,相比较其他 7 个基线模型,EPAN-SERec 框架在 Precision@K 和 Recall@K 方面都有显著的性能改进,如图 6-4 所示。

我们发现,没有利用知识图谱的 CF 模型和 KPCNN 模型相比其他模型性能

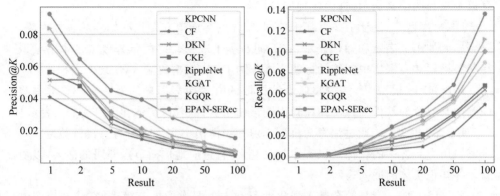

图 6-4   Top-*K* 推荐中 Precision@*K* 和 Recall@*K* 的结果对比

较差。这表明,知识图谱可以为专家推荐提供有用的辅助信息,缓解标签不准确或交互稀疏导致的专家不匹配问题,提高专家推荐的性能。

通过引入知识图谱和学习实体嵌入,CKE 模型和 DKN 模型改善了软件专家推荐任务的性能。然而,由于缺乏对专家偏好的考虑,推荐效果有待提高。

RippleNet 模型和 KGAT 模型是结合知识图谱和专家偏好特征的推荐方法,利用知识图谱的结构信息来学习用户的粗粒度偏好,从而获得较好的性能。然而,由于缺乏对知识图谱语义特征的考虑,性能不如 EPAN-SERec。

KGQR 模型将强化学习引入到交互式推荐系统中,利用知识图谱的先验知识对候选项目的选择进行优化,取得了良好的效果。但是,缺乏多通道特征融合的设计,没有考虑问题与专家之间的隐性知识关联,导致其性能不如 EPAN-SERec 模型。

6.4.5　消融实验结果与分析

消融实验的目的是验证基于知识图谱和领域知识偏好感知的软件专家推荐框架 EPAN-SERec 的各组件对专家推荐任务的性能贡献。在消融实验的过程中为保证实验结果的公平性,各模型参数保持相同的设置。

1. 领域知识偏好学习和优化对推荐性能的贡献评价

EPDRL 模块利用软件知识图谱作为外部资源,通过深度强化学习模型对专家的历史问答交互信息进行训练,生成专家的领域知识偏好权重图。领域知识偏好优化模块利用图自监督学习优化特征表示,用于指导下游专家推荐任务。

因此,我们选择 EPAN-SERec 框架作为基准来衡量领域知识偏好学习和优化模块对软件专家推荐的性能影响。实验结果如表 6-5 所示。

表 6-5　领域知识偏好学习和优化对软件专家推荐性能的影响

模 型 名 称	EPDRL 模块	图自监督模块	AUC/%	ACC/%	F1/%
EPAN-SERec	×	×	81.42	72.97	74.47
	√	×	82.33	74.89	76.58
	√	√	**84.32**	**77.68**	**78.11**

注：符号"√"表示模型使用了相关模块,符号"×"表示未使用相关模块。

从实验结果来看,引入基于深度强化学习的 EPDRL 模块后,软件专家推荐框架 EPAN-SERec 的综合性能得到了提升,AUC 值、准确率 ACC 和 F1 值分别提升了 2.9%、4.71% 和 3.64%;移除基于图自监督学习的领域知识偏好优化模块后,软件专家推荐框架 EPAN-SERec 的性能导致了下降,AUC 值、准确率 ACC 和 F1 值分别降低了 2%、2.79% 和 1.5%。

实验结果表明,软件专家推荐框架 EPAN-SERec 能根据专家的历史问答信息,挖掘专家在软件工程领域的知识偏好,缓解软件专家推荐存在的标签依赖和交互数据稀疏问题,进而提升软件专家推荐任务的性能。

2. 领域知识偏好融合对推荐性能的贡献评价

软件专家推荐框架 EPAN-SERec 利用专家领域知识偏好和知识图谱嵌入学习待回答问题所属知识领域和专家领域知识偏好的向量表示,用于下游专家回答问题的概率预测。为了评价专家的领域知识偏好特征和知识图谱的语义信息特征对软件专家推荐任务的性能贡献,我们对 EPAN-SERec 模型进行了消融实验,实验结果如表 6-6 所示。

表 6-6　领域知识偏好融合对软件专家推荐性能的影响

模 型 名 称	实体语义特征	领域知识偏好特征	AUC/%	ACC/%	F1/%
EPAN-SERec	√	×	75.11	72.34	73.16
	×	√	82.35	75.00	76.74
	√	√	**84.32**	**77.68**	**78.11**

从实验结果来看,去掉 TransH 模型构建的实体语义特征后,软件专家推荐框架 EPAN-SERec 的 AUC 值、准确率 ACC 和 F1 值分别降低了 1.97%、2.68% 和 1.37%;去掉领域知识偏好特征后,软件专家推荐框架 EPAN-SERec 的 AUC 值、准确率 ACC 和 F1 值分别降低了 9.21%、5.34% 和 4.95%;说明融合专家领域知识偏好特征和实体语义特征能丰富问题所属知识领域和专家领域知识偏好的特征表示,建立问题和领域知识偏好之间的隐含知识关联,有助于缓解知识关联信息缺失的问题,对软件专家推荐具有帮助作用。

3. 注意力网络对推荐性能的贡献评价

由于专家的每条历史问答信息对待回答问题的相关度和贡献不一致,引入注意力机制对专家用户的不同历史问答信息分配不同的权重。为了评价注意力网络模块对软件专家推荐任务的性能贡献,对软件专家推荐框架 EPAN-SERec 进行了消融实验,实验结果如表 6-7 所示。

表 6-7　注意力网络对软件专家推荐性能的影响

模 型 名 称	注意力网络	AUC/%	ACC/%	F1/%
EPAN-SERec	×	82.33	74.89	76.58
	√	**84.32**	**77.68**	**78.11**

从实验结果来看,去掉注意力网络模块后,软件专家推荐框架 EPAN-SERec 的 AUC、ACC 和 F1 值分别降低了 1.99%、2.79% 和 1.53%。这说明结合注意力机制为专家历史问答信息分配不同的权重,能综合考虑不同的历史问答对待回答问题的贡献,有助于提升软件专家推荐任务的性能。

6.4.6　参数敏感性分析

由于专家的领域知识偏好特征对推荐性能具有较大的影响,我们在生成专家的领域知识偏好权重图后,设计了一个集成图自监督学习的图卷积网络获取软件知识图谱的实体嵌入表示,从而优化专家的领域知识偏好特征。

在图自监督学习和图特征表示学习中,根据边的权重值对图自监督学习的视图结构和图卷积网络的聚合邻域进行采样。因此,进一步分析软件知识图谱节点的聚合邻域数 N 和项目传播跳数 H 对模型的性能影响,结果如图 6-5 所示。

从实验结果来看,当软件知识图谱项目聚合邻域数 $N=8$ 和项目传播跳数 $H=2$ 时,模型取得了最好的效果。EPAN-SERec 模型利用专家的知识偏好权重图筛选实体聚合的邻域,使模型更专注于更有影响力的邻域实体。当 N 太小时,领域实体无法包含足够的有效信息;而当 N 太大时,容易引入噪声信息。项目传播跳数 H 表示实体表征所涉及的语义关系路径的长度。随着 H 的增加,模型可以获取更远路径的信息,但同时也带来了更多噪声问题。当 H 增长时,中心实体表征需要的邻域数目会呈指数增长,因此 H 比 N 更敏感。

6.4.7　实例分析

为了更直观地展示我们所提出方法的 EPAN-SERec 效果,基于 StackOverflow 数据集开展了案例分析。随机选择一个软件工程领域问题"*SnakeYaml escaping*

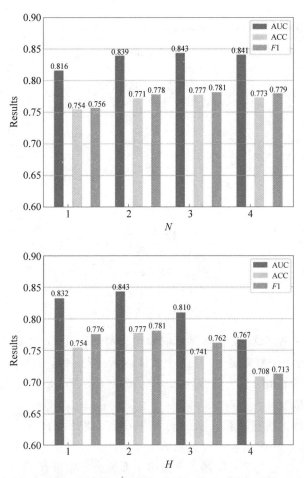

图 6-5 聚合邻域数 N 和项目传播跳数 H 对模型的影响

new line characters in yaml",并利用我们提出的 EPAN-SERec 方法计算候选专家回答该问题的概率,如图 6-6 所示。

首先,根据问题的内容抽取出软件知识实体"SnakeYaml"和"yaml"。图 6-6 左侧为相关实体的在软件知识图谱中的局部图,说明软件知识实体通过有向语义关系相互关联。例如,软件知识实体"SnakeYAML"和"YAML"之间存在"使用"关系,"JAVA"和"SnakeYAML"之间存在"包含"关系。图 6-6 的右侧为 EPDRL 模块根据候选专家的历史交互信息生成的专家领域知识偏好加权图。不同的权重反映了专家不同的知识偏好。例如,软件知识实体"JAVA""JachsonYAML""SnakeYAML""YAML"的权重较高,反映了当前专家的领域知识偏好。

然后,利用知识图谱嵌入获得了包含语义信息的软件知识实体嵌入,利用集成

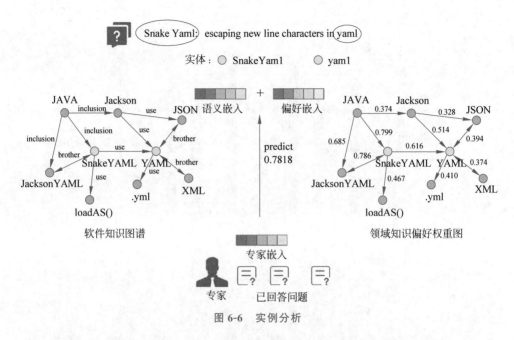

图 6-6　实例分析

图自监督的 GCN 模型获得了包含领域知识偏好特征的软件知识实体嵌入。在 EPAN-SERec 的特征融合层中，对两个实体嵌入进行多通道融合，得到问题的最终嵌入表示，如图 6-6 的上半部分所示。专家的嵌入表示是通过整合历史问答得到，如图 6-6 底部所示。

最后，根据待回答问题和专家的嵌入表示计算出预测评分为 0.7818，并将该专家作为上述问题的候选人。经过对 StackOverflow 数据集中的事实进行观察，EPAN-SERec 模型在上述案例场景下做出了准确的专家推荐。

6.5　局限性分析

我们的目标是提高基于知识社区的软件专家推荐的性能，并探讨基于知识图谱的领域知识偏好学习和优化在软件专家推荐中的有效性。然而，这项工作也有一些局限性。

首先，我们提出的 EPAN-SERec 框架利用深度强化学习对专家的历史交互信息进行建模，捕获专家的领域知识偏好特征，有效地提高软件专家推荐的性能。然而，该框架在模型训练过程中耗时较长，不能满足在线专家推荐的需求。

其次，EPAN-SERec 框架的设计集成了深度强化学习、图自监督学习和图卷积神经网络，框架设计相对复杂，不是一个端到端的模型，需要进一步模型优化和改进。

最后,我们只考虑软件知识社区的问答文本,而没有考虑源代码、问题报告和邮件列表等软件资源,这限制了该方法的完整性。

6.6　本章小结

为了解决基于知识社区的软件专家推荐存在的标签依赖、交互数据的稀疏和知识关联信息缺失的问题,我们提出了一种基于知识图谱和领域知识偏好感知的软件专家推荐框架,并将软件知识社区 StackOverflow 作为实例进行实验和分析。实验结果表明,基于深度强化学习和图自监督学习的专家领域知识偏好学习和优化可以获得更细粒度的领域知识偏好特征,基于实体嵌入的领域知识偏好特征融合可以丰富问题和专家偏好的特征表示,注意力网络可以为专家的历史问答分配不同的权重,这些都有助于提高软件专家推荐的性能。

在未来的工作中,我们希望在 API 推荐、项目推荐等更多的推荐场景上探索 EPAN-SERec 框架的性能。我们还计划扩展软件工程领域数据源,并开发不同的领域知识偏好策略,以适应多模态知识图谱推荐场景。

第7章

总结与展望

7.1 本书总结

如第 1 章所述,在全球软件开发人员的共同参与下,软件知识社区快速发展,积累了软件工程相关的海量社区文本,这些社区文本中蕴藏着丰富的软件工程领域知识。对软件知识社区的软件工程领域知识进行挖掘、提取、管理和应用,有助于软件开发问题解决和软件开发人员能力的提升,对提高软件开发效率和软件生产质量具有重要作用。本书围绕面向社区文本的软件知识图谱构建及应用进行了系统的整理和介绍。

第 1 章以软件知识社区 StackOverflow 的问答文本为例,首先介绍了软件知识社区文本所蕴藏的海量软件工程领域知识,并提出如何利用知识图谱从异质性、多样性、碎片化的海量互联网数据中提取有效的软件知识,并以高效、快捷的图谱形式构建智能化的知识互联和知识服务,成为智能软件工程领域迫切需要解决的问题。其次结合学术界和工业界对知识图谱的阐述给出了软件知识图谱的相关概念定义,为后续工作开展提供了理论基础;同时,围绕软件知识实体关系抽取、软件知识表示与建模和面向社区的软件专家推荐等领域进行了研究现状分析,总结了当前研究工作存在的问题和挑战。最后介绍了本书的主要内容和组织结构。

第 2 章围绕本书的主要内容首先介绍了相关背景知识和技术,具体包括预训练语言模型 BERT、图卷积神经网络、对比表示学习、TransH 模型和 Double DQN 模型;然后分别给出了软件知识实体及关系抽取、软件专家推荐等任务的性能评价指标定义。

第3章针对面向社区文本的软件知识实体抽取存在的实体歧义、实体变体、无法识别未登录词和缺乏标注数据集等问题,提出了一种基于多特征融合和语义增强的软件知识实体抽取方法。该方法利用 BiLSTM 模型和 GCN 模型对上下文特征和句法依存特征进行融合,获得多特征融合的句子序列上下文语义表示;提出一个基于注意力权重的实体语义增强策略,并通过特征融合获取特定领域实体的增强特征向量表示。同时,针对软件工程领域缺乏标注数据集的问题,我们基于软件知识社区 StackOverflow 的问答文本构建了涵盖 8 方面 40 个实体类型的软件工程领域标注数据集。对比实验和消融实验的结果表明,我们所提出的软件知识实体抽取方法在软件工程领域实体抽取任务上具有较好的性能。

第4章针对软件知识实体关系抽取存在的实体语义特征弱、实体语义关系模糊等问题,提出了一种基于句法依赖度和实体感知的软件知识实体关系抽取方法。该方法基于词向量、词性标注特征、实体特征构建输入句子序列的多特征表示,并利用 BiGRU 模型和 GCN 模型对句子序列的上下文特征和句法依存关系进行编码;并通过计算节点间的句法依赖程度构建了基于牛顿冷却定律的权重图卷积神经网络,获取句法依存特征增强表示。同时,为了缓解软件知识实体语义特征弱、实体语义关系模糊问题,提出了一种基于实体感知的特征增强方法,获取实体特征、句子序列特征的增强表示。我们基于软件知识社区 StackOverflow 的问答文本和 tagWiki 文本构建了涵盖 5 个预定义关系类型的软件工程领域实体关系标注数据集。对比实验和消融实验结果表明,我们所提出的软件知识实体关系抽取模型在软件知识社区文本上取得了较好的性能。

第5章针对传统流水线方法存在的任务依赖问题和软件知识社区文本存在实体重叠问题,提出了一种基于 span 级对比表示学习的软件知识实体和关系联合抽取方法。该方法利用预训练语言模型 BERT 提取句子序列的词向量特征,并以 span 为单元生成丰富的实体 span 正、负样本;提出了一种 span 级的实体对比表示和关系对比表示方法,通过正、负样本增强和对比损失函数构建,获取实体 span 和实体对增强特征表示。通过联合训练算法获取模型训练最优解,并基于 StackOverflow 软件知识社区文本构建了一个含有 43769 个实体和 25183 个关系实例的软件知识图谱。对比实验和消融实验结果表明,我们所提出的方法在软件知识社区文本上取得较好的性能,为后续基于软件知识图谱的应用奠定了基础。

第6章针对面向社区的软件专家推荐方法存在的标签依赖、交互数据稀疏和隐含知识关联信息缺失等问题,提出了一种基于知识图谱和领域知识偏好感知的软件专家推荐方法。该方法利用软件知识图谱作为辅助资源,利用深度强化学习模型对专家的历史问答交互信息建模,生成专家的领域知识偏好权重图,并设计了一个集成图自监督学习的图卷积网络,学习、优化专家领域知识偏好的向量表示。

同时,通过知识图谱嵌入方法获取含有语义信息的软件知识实体嵌入表示,并通过融合专家的领域知识偏好,获取待回答问题的嵌入表示。最后,通过深度神经网络对专家提供答案的概率进行预测,进而实现软件专家推荐任务。对比实验和消融实验结果表明,我们所提出的方法在 CTR 预测和 Top-K 推荐两种实验场景下取得较好的性能。

7.2　未来展望

为了挖掘软件知识社区蕴藏的软件知识,促进软件复用、协同开发、软件知识管理等大数据软件工程的应用发展,本书将知识图谱技术应用到软件工程领域,重点研究了软件知识图谱构建及其应用,并取得了一定的成果,但本书的研究工作尚属初步探索阶段,仍然有以下三方面有待深入研究和完善。

1.更完备的软件知识图谱

从知识图谱数据来源的角度来看,本书利用自然语言处理、深度学习等技术对软件知识社区用户生成文本进行实体、关系、三元组抽取,构建了面向知识社区的软件知识图谱。但是,除了软件知识社区的文本之外,源代码、缺陷报告、邮件列表等软件资源中也蕴藏着大量不同视角的软件知识,整合不同类型的软件资源数据,抽取覆盖软件开发、软件演化生命周期的软件知识,能有效提升软件知识图谱的完备性和增强软件知识图谱的应用广泛性。

2.更高效的软件专家推荐方法

从模型构建的角度来看,第 6 章利用软件知识图谱作为辅助资源,结合深度强化学习对软件专家的历史问答信息进行建模,捕获专家的领域知识偏好,能有效提升软件专家推荐的性能。但是,该框架在模型训练过程中较为耗时,无法满足在线专家推荐的需求,下一步需要对模型的算法进一步设计和完善。

3.更广泛的软件知识图谱应用

从知识图谱应用的角度来看,本书以软件知识社区的专家推荐任务作为软件知识图谱应用的案例进行研究,取得了较好的应用效果。下一步可以围绕智能问答、自动文档生成、API 推荐和代码自动生成等软件工程领域的问题进行深入研究,拓展软件知识图谱的应用场景,促进智能化软件开发方法的发展。

参 考 文 献

[1] 尹刚,王涛,刘冰珣,等.面向开源生态的软件数据挖掘技术研究综述[J].软件学报,2018,29(8):2258-2271.

[2] Hassan A E,Xie T. Mining Software Engineering Data [C]. Proc. 32nd International Conference on Software Engineering,Cape Town,South Africa,2010:503-504.

[3] Calefato F,Lanubile F,Novielli N. Moving to Stack Overflow:Best-Answer Prediction in Legacy Developer Forums [C]. Proc. 10th ACM/IEEE International Symposium on Empirical Software Engineering and Measurement,2016:1-10.

[4] Treude C,Robillard M P. Augmenting API Documentation with Insights from Stack Overflow[C]. Proc. 38th International Conference on Software Engineering,Austin,TX,USA,2016:392-403.

[5] Wang H M,Wang T,Yin G,et al. Linking Issue Tracker with Q&A Sites for Knowledge Sharing across Communities[J]. IEEE Transactions on Services Computing,2015,11(5):782-795.

[6] Lin B,Serebrenik A. Recognizing Gender of Stack Overflow Users [C]. Proc. 13th International Conference on Mining Software Repositories,Austin Texas,2016:425-429.

[7] 刘峤,李杨,段宏,等.知识图谱构建技术综述[J].计算机研究与发展,2016,53(3):582-600.

[8] 肖仰华,徐波,林欣,等.知识图谱概念与技术[M].北京:电子工业出版社,2020.

[9] 王昊奋,漆桂林,陈华钧.知识图谱方法、实践与应用[M].北京:电子工业出版社,2019.

[10] Paulheim H. Knowledge Graph Refinement:A Survey of Approaches and Evaluation Methods[J]. Semantic Web,2017,8(3):489-508.

[11] 董翔.大规模软件工程知识库的自动构建[D].上海:上海交通大学,2018.

[12] Chen K,Dong X,Zhu J G,et al. Building a Domain Knowledge Base from Wikipedia:A Semi-supervised Approach [C]. Proc. 28th International Conference on Software Engineering and Knowledge Engineering (SEKE),Redwood City,San Francisco Bay,USA,2016:191-196.

[13] Ye D H,Xing Z C,Foo C Y,et al. Software-Specific Named Entity Recognition in Software Engineering Social Content[C]. Proc. 23th International Conference on Software Analysis,Evolution,and Reengineering (SNER),Osaka,Japan,2016:90-101.

[14] Zhao X J,Xing Z C,Kabir M A,et al. HDSKG:Harvesting Domain Specific Knowledge Graph from Content of Webpages[C]. Proc. 24th International Conference on Software Analysis,Evolution and Reengineering (SANER),Klagenfurt,Austria,2017:56-67.

[15] Ye D H, Xing Z C, Kapre N. The Structure and Dynamics of Knowledge Networkin Domain-Specific Q&A Sites: A Case Study of Stackoverflow[J]. Empirical Software Engineering, 2017, 22(1): 375-406.

[16] Li J, Sun A X, Han J L, et al. A Survey on Deep Learning for Named Entity Recognition [J]. IEEE Transactions on Knowledge and Data Engineering, 2022, 34(1): 50-70.

[17] Kim J H, Woodland, P C. A Rule-Based Named Entity Recognition System for Speech Input[C]. Proc. 6th International Conference on Spoken Language Processing (ICSLP), 2000: 528-531.

[18] 买合木提·买买提,卡哈尔江·阿比的热西提,艾山·吾买尔,等. CRF 与规则相结合的维吾尔文地名识别研究[J]. 中文信息学报, 2017, 31(06): 110-118.

[19] Hanisch D, Fundel K, Mevissen H T, et al. ProMiner: Rule-Based Protein and Gene Entity Recognition[J]. BMC Bioinformatics, 2005, 6(1), S14.

[20] Zhang S D, Elhadad N. Unsupervised Biomedical Named Entityrecognition: Experiments with Clinical and Biological Texts[J]. Journal of Biomedical Informatics, 2013, 46(6): 1088-1098.

[21] Etzioni O, Cafarella M, Downey D, et al. Unsupervised Named-Entity Extraction from the Web: An Experimental Study[J]. Artifical Intelligence, 2005, 165(1): 91-134.

[22] Mansouri A, Affendy L S, Mamat A. A New Fuzzy Support Vector Machine Method for Named Entity Recognition[C]. Proc. International Conference on Computer Science and Information Technology, Singapore, 2008: 24-28.

[23] Liu X H, Zhang S D, Wei F R, et al. Recognizing Named Entities in Tweets[C]. Proc. 49th Annual Meeting of the Association for Computational Linguistics: Human Language Technologies, 2011, 1: 359-367.

[24] Seker G A, Eryigit G. Extending A CRF-Based Named Entity Recognition Model for Turkish Well Formed Text and User Generated Content[J]. Semantic Web, 2017, 8(5): 625-642.

[25] Liu S F, Sun Y F, Li B, et al. HAMNER: Headword Amplified Multi-Span Distantly Supervised Method for Domain Specific Named Entity Recognition[C]. Proc. 34th AAAI Conference on Artificial Intelligence, California, USA, 2020, 34(5): 8401-8408.

[26] Lample G, Ballesteros M, Subramanian S, et al. Neural Architectures for Named Entity Recognition[C]. Proc. Conference of the North American Chapter of the Association for Computational Linguistics: Human Language Technologies (NAACL), San Diego, California, 2016: 260-270.

[27] Ma X Z, Hovy E. End-to-end Sequence Labeling via Bi-directional LSTM-CNNs-CRF[C]. Proc. 54th Annual Meeting of the Association for Computational Linguistics (ACL), Berlin, Germany, 2016: 1064-1074.

[28] Zhang Y, Yang J. Chinese NER Using Lattice LSTM[C]. Proc. 56th Annual Meeting of the Association for Computational Linguistics, Melbourne, Australia, 2018: 1554-1564.

[29] Tang Z, Wan B Y, Yang L. Word-Character Graph Convolution Network for Chinese

Named Entity Recognition Publisher[J]. IEEE/ACM Transactins on Audio,Speech,and Language Processing,2020,28：1520-1532.

[30] Aguilar G,Maharjan S,Monroy A P L,et al. A Multi-task Approach for Named Entity Recognition in Social Media Data[C]. Proc. 3rd Workshop on Noisy User-generated Text, Copenhagen,Denmark,2017：148-153.

[31] Tran V C,Nguyen N T,Fujita H,et al. A Combination of Active Learning and Self-learning for Named Entity Recognition on Twitter Using Conditional Random Fields[J]. Knowledge-Based Systems,2017,132：179-187.

[32] Liu J,Gao L,Guo S J,et al. A Hybrid Deep-learning Approach for Complex Biochemical NamedEntity Recognition[J]. Knowledge-Based Systems,2021,221：106958.

[33] Akkasi A, Varoglu E. Improving Biochemical Named Entity Recognition Using PSO Classifier Selection and Bayesian Combination Methods[J]. IEEE/ACM Transactions on Computational Biology and Bioinformatics,2017,14(6)：1327-1338.

[34] Li T,Hu Y J,Ju A K,et al. Adversarial Active Learning for Named Entity Recognition in Cybersecurity[J]. Computers,Materials & Continua,2020,66(1)：407-420.

[35] Wang X D,Liu J Y. A Novel Feature Integration and Entity Boundary Detection for Named Entity Recognition in Cybersecurity [J]. Knowledge-Based Systems, 2023, 260：110114.

[36] 李冬梅,张扬,李东远,等.实体关系抽取方法研究综述[J].计算机研究与发展,2020,57 (7)：1424-1448.

[37] 鄂海红,张文静,肖思琪,等.深度学习实体关系抽取研究综述[J].软件学报,2019,30(6)：1793-1818.

[38] Han X,Gao T Y,Lin Y K,et al. More Data,More Relations,More Context and More Openness：A Review and Outlook for Relation Extraction[C]. Proc. 1st Conference of the Asia-Pacific Chapter of the Association for Computational Linguistics and the 10th International Joint Conference on Natural Language Processing,Suzhou,China,2020：745-758.

[39] Califf M E,Mooney B J. Relational Learning of Pattern-Match Rules for Information Extraction. [C]. Proc. 16th National Conference on Artificial intelligence and the 11th Innovative Applications of Artificial Intelligence Conference Innovative Applications of Artificial Intelligence,1999：328-334.

[40] 邓擘,樊孝忠,杨立公.用语义模式提取实体关系的方法[J].计算机工程,2007,33(10)：212-214.

[41] Anoe C,Santacruz M R. REES：A Large-Scale Relation and Event Extraction System[C]. Proc. 6th Conference on Applied Natural Language Processing,2020：76-83.

[42] Mintz M,Bills S, Snow R,et al. Distant Supervision for Relation Extraction Without Labeled Data[C]. Proc. 47th Annual Meeting of the ACL and the 4th International Joint Conference on Natural Language Processing of the AFNLP, Suntec, Singapore, 2009：1003-1011.

[43] 秦兵,刘安安,刘挺.无指导的开放式中文实体关系抽取[J].计算机研究与发展,2015,52
(5):1029-1035.

[44] Hoffmann R,Zhang C,Ling X,et al. Knowledge-Based Weak Supervision for Information
Extraction of Overlapping Relations[C]. Proc. 49th Annual Meeting of the Association for
Computational Linguistics: Human Language Technologies, Portland, Oregon, USA,
2011:541-550.

[45] 甘丽新,万常选,刘德喜,等.基于句法语义特征的中文实体关系抽取[J].计算机研究与
发展,2016,53(2):284-302.

[46] Zeng D,Liu K,Lai S,et al. Relation Classification via Convolutional Deep Neural Network
[C]. Proc. 25th International Conference on Computational Linguistics: Technical Papers,
Dublin,Ireland,2014:2335-2344.

[47] Xu Y,Mou L L,Li G,et al. Classifying Relations via Long Short Term Memory Networks
along Shortest Dependency Paths[C]. Proc. Conference on Empirical Methods in Natural
Language Processing(EMNLP),Lisbon,Portugal,2015:1785-1794.

[48] Zhang Y H,Qi P,Manning C D. Graph Convolution over Pruned Dependency Trees
Improves Relation Extraction[C]. Proc. Conference on Empirical Methods in Natural
Language Processing (EMNLP),Brussels,Belgium,2018:2205-2215.

[49] Zhao D,Wang J,Lin H F,et al. Biomedical Cross-Sentence Relation Extraction via
Multihead Attention and Graph Convolutional Networks[J]. Applied Soft Computing,
2021,104.

[50] Li Q,Ji H. Incremental Joint Extraction of Entity Mentions and Relations[C]. Proc. 52nd
Annual Meeting of the Association for Computational Linguistics (ACL), Baltimore,
Maryland,USA,2014:402-412.

[51] Miwa M, Sasaki Y. Modeling Joint Entity and Relation Extraction with Table
Representation[C]. Proc. Conference on Empirical Methods in Natural Language
Processing (EMNLP),Doha,Qatar,2014:1858-2869.

[52] Miwa M,Bansal M. End-to-End Relation Extraction Using LSTMs on Sequences and Tree
Structures[C]. Proc. Meeting of the Association for Computational Linguistics (ACL),
2016:1105-1116.

[53] Zheng S C,Hao Y X,Lu DY,et al. Joint Entity and Relation Extraction Based on A
Hybrid Neural Network[J]. Neurocomputing,2017,257:59-66.

[54] Li F,Zhang M S,Fu G H,et al. A Neural Joint Model for Entity and Relation Extraction
From Biomedical Text[J]. BMC Bioinform,2017,18(1):198.

[55] Zheng S C,Wang F,Bao H Y,et al. Joint Extraction of Entities and Relations Based on a
Novel Tagging Scheme [C]. Proc. 55th Annual Meeting of the Association for
Computational Linguistics (ACL),Vancouver,Canada,2017:1227-1236.

[56] Bekoulis G,Deleu J,Demeester T,et al. Joint Entity Recognition and Relation Extraction
as A Multi-Head Selection Problem[J]. Expert Systems with Applications,2018,114:
34-45.

[57] Zeng X R,Zeng D J,He S Z,et al. Extracting Relational Facts by an End-to-End Neural Model with Copy Mechanism[C]. Proc. 56th Annual Meeting of the Association for Computational Linguistics (ACL),Melbourne,Australia,2018:506-514.

[58] 杨玉基,许斌,胡家威,等. 一种准确而高效的领域知识图谱构建方法[J]. 软件学报,2018, 29(10):2931-2947.

[59] Lin Z Q,Zou Y Z,Zhao J F,et al. Improving Software Text Retrieval using Conceptual Knowledge in Source Code[C]. Proc. International Conference on Software Maintenance and Evolution (ASE),Urbana,IL,USA,2017:123-134.

[60] Cao J M,Du T J,Shen B J,et al. Constructing a Knowledge Base of Coding Conventions from Online Resources[C]. Proc. 31st International Conference on Software Engineering and Knowledge Engineering (SEKE),Lisbon,Portugal,2019:5-14.

[61] Li B C,King I. Routing Questions to Appropriate Answerers in Community Question Answering Services[C]. Proc. 19th ACM International Conference on Information and Knowledge Management (CIKM),Toronto,Ontario,Canada,2010:1585-1588.

[62] Neshati M,Fallahnejad Z,Beigy H. On Dynamicity of Expert Finding in Community Question Answering [J]. Information Processing & Management,2017,53(5): 1026-1042.

[63] Wang X Z,Huang C R,Yao L,et al. A Survey on Expert Recommendation in Community Question Answering[J]. Journal of Computer Science and Technology,2018,33(4): 625-653.

[64] Zheng X L,Hu Z K,Xu A W,et al. Algorithm for Recommending Answer Providers in Community-Based Question Answering [J]. Journal of Information Science,2011,38(1): 3-14.

[65] Li B C,King I,Lyu M R. Question Routing in Community Question Answering:Putting Category in Its Place[C]. Proc. 20th ACM International Conference on Information and Knowledge Management,2011:2041-2044.

[66] Du L,Buntine W,Jin H D. A Segmented Topic Model Basedon the Two-Parameter Poission-Dirichlet Process[J]. Machine Learning,2010,81(1):5-19.

[67] Liu D R,Chen Y H,Kao W C,et al. Integrating Expert Profile,Reputation and Link Analysis Forexpert Finding in Question-Answering Websites[J]. Information Processing and Management,2013,49(1):312-329.

[68] Sahu T P,Nagwani N K,Verma S. TagLDA Based User Persona Model to Identify Topical Experts for Newly Posted Questions in Community Question Answering Sites[J]. International Journal of Applied Engineering Research,2016,11(10):7072-7078.

[69] Shahriari M,Parekodi S,Klamma R. Community-Awareranking Algorithms for Expert Identification In Question Answer Forums[C]. Proc. 15th International Conference on Knowledge Technologies and Data-driven Business,2015:1-8.

[70] Zhu H S,Chen E H,Xiong H,et al. Ranking User Authority with Relevant Knowledge Categoriesfor Expert Finding[J]. World Wide Web,2014,17(5):1081-1107.

[71]　常亮,张伟涛,古天龙,等. 知识图谱的推荐系统综述[J]. 智能系统学报,2019,14(2)：207-216.

[72]　Guo Q Y,Zhuang F Z,Qin C,et al. A Survey on Knowledge Graph-Based Recommender Systems [J]. IEEE Transactions on Knowledge and Data Engineering, 2020, 34 (8)：3549-3568.

[73]　Bordes A,Usunier N,Garcia-Duran A,et al. Translating Embeddings for Modeling Multirelational Data[C]. Proc. 26th International Conference on Neural Information Processing Systems,2013：2787-2795.

[74]　Wang Z,Zhang J W,Feng J L,et al. Knowledge Graph Embedding by Translating on Hyperplanes[C]. Proc. 28th AAAI Conference on Artificial Intelligence (AAAI),Québec,Canada,2014：1112-1119.

[75]　Lin Y K,Liu Z Y,Sun M S,et al. Learning Entity and Relation Embeddings for Knowledge Graph Completion[C]. Proc. 29th AAAI Conference on Artificial Intelligence,2015：2181-2187.

[76]　Jin G L,He S Z,Xu L H,et al. Knowledge Graph Embedding via Dynamic Mapping Matrix[C]. Proc. 53rd Annual Meeting of the Association for Computational Linguistics and the 7th International Joint Conference on Natural Language Processing, 2015：687-696.

[77]　Nickel M,Rosasco L,Poggio,et al. Holographic Embeddings of Knowledge Graphs[C]. Proc. 30th AAAI Conference on Artificial Intelligence,2016：1955-1961.

[78]　Zhang F Z,Yuan N J,Lian D F,et al. Collaborative Knowledge Base Embedding for Recommender Systems [C]. Proc. 22nd ACM SIGKDD International Conference on Knowledge Discovery and Data Mining (KDD),San Francisco,CA,USA,2016：353-362.

[79]　Huang J,Zhao W X,Dou H J,et al. Improving Sequential Recommendation with Knowledge-Enhanced Memory Networks [C]. Proc. 41st International ACM SIGIR Conference on Research & Development in Information Retrieval (SIGIR),Ann Arbor,MI,USA,2018：505-514.

[80]　Wang H W,Zhang F Z,Xie X,et al. DKN：Deep Knowledge-Aware Network for News Recommendation[C]. Proc. World Wide Web Conference (WWW),Lyon,France,2018：1835-1844.

[81]　Qiu X P,Sun T X,Xu Y G,et al. Pre-Trained Models for Natural Language Processing：A survey[J]. Science China Technological Sciences,2020,63：1872-1897.

[82]　Pennington J,Socher R,Manning C. Glove：Global Vectors for Word Representation[C]. Proc. Conference on Empirical Methods in Natural Language Processing (EMNLP),Doha,Qatar,2014：1532-1543.

[83]　Peters M,Neumann M,Lyyer M,et al. Deep Contextualized Word Representations[C]. Proc. Conference of the North American Chapter of the Association for Computational Linguistics：Human Language Technologies, Volume 1 (Long Papers), New Orleans, Louisiana,2018：2227-2237.

[84] Radford A，Narasimhan K，Salimans T，et al. Improving Language Understanding by Generative Pre-Training[R]. Technical Report，2018.

[85] Devlin J，Chang M W，Lee K，et al. BERT：Pre-training of Deep Bidirectional Transformers for Language Understanding[C]. Proc. Conference of the North American Chapter of the Association for Computational Linguistics：Human Language Technologies，Volume 1（Long and Short Papers），Minneapolis，Minnesota，2019：4171-4186.

[86] Yang Z L，Dai Z H，Yang Y M，et al. XLNet：Generalized Autoregressive Pretraining for Language Understanding[C]. Proc. Annual Conference on Neural Information Processing Systems，Vancouver，BC，Canada，2019：5754-5764.

[87] Han X，Zhang Z Y，Ding N，et al. Pre-Trained Models：Past，Present and Future[J]. AI Open，2021(2)225-250.

[88] 徐冰冰，岑科廷，黄俊杰，等. 图卷积神经网络综述[J]. 计算机学报，2020，43（5）：755-780.

[89] Defferrard M，Bresson X，Vandergheynst P. Convolutional Neural Networks on Graphs with Fast Localized Spectral Filtering[C]. Proc. 30th International Conference on Neural Information Processing Systems（NIPS），Barcelona，Spain，2016：3844-3852.

[90] Kipf T，Welling M. Semi-Supervised Classification with Graph Convolutional Networks[C]. Proc. International Conference on Learning Representations（ICLR），Toulon，France，2017.

[91] Liu X，Zhang F Z，Hou Z Y，et al. Self-supervised Learning：Generative or Contrastive[J]. IEEE Transactions on Knowledge and Data Engineering，2021.

[92] Kingma D，Welling M. Auto-Encoding Variational Bayes[C]. Proc. 2nd International Conference on Learning Representations（ICLR），Banff，Canada，2014.

[93] Goodfellow I，Pouget-Abadie J，Mirza M，et al. Generative Adversarial Nets[C]. Proc. International Conference on Neural Information Processing Systems（NIPS），Montreal，Canada，2014：2672-2680.

[94] Le-Khac P H，Healy G，Smeaton A F. Contrastive Representation Learning：A Framework and Review[J]. IEEE Access，2020，8：193907-193934.

[95] Jaiswal A，Babu A R，Zadeh M Z，et al. A Survey on Contrastive Self-Supervised Learning[J]. Technologies，2021，9(1)：2.

[96] Chen T，Kornblith S，Norouzi M，et al. A Simple Framework for Contrastive Learning of Visual Representations[C]. Proc. 37th International Conference on Machine Learning（ICML），2020：1597-1607.

[97] Jiang W，Liu Y N，Deng X Y. Fuzzy Entity Alignment via Knowledge Embedding with Awareness of Uncertainty Measure[J]. Neurocomputing，2022，468：97-110.

[98] Zeb A，Haq A U，Zhang D F，et al. KGEL：A Novel End-to-End Embedding Learning Framework for Knowledge Graph Completion[J]. Expert Systems with Applications，2021，167.

[99] Tiwari P, Zhu H Y, Pandey H M. DAPath: Distance-Aware Knowledge Graph Reasoning Based on Deep Reinforcement Learning[J]. Neural Networks, 2021, 135: 1-12.

[100] Palumbo E, Monti D, Rizzo G, et al. Entity2rec: Property-Specific Knowledge Graph Embeddings for Item Recommendation[J]. Expert Systems with Applications, 2020, 151.

[101] Wang Q, Mao Z D, Wang B, et al. Knowledge Graph Embedding: A Survey of Approaches and Applications [J]. IEEE Transactions on Knowledge and Data Engineering, 2017, 29(12): 2724-2743.

[102] 刘知远, 孙茂松, 林衍凯, 等. 知识表示学习研究进展[J]. 计算机研究与发展, 2016, 53 (2): 247-261.

[103] Mnih V, Kavukcuoglu K, Silver D, et al. Human-Level Control Through Deep Reinforcement Learning[J]. Nature, 2015, 518(7540): 529-533.

[104] Hasselt H V, Guez A, Silver D. Deep Reinforcement Learning with Double Q-Learning [C]. Proc. 30th AAAI Conference on Artificial Intelligence (AAAI), Phoenix, Arizona, USA, 2016: 2094-2100.

[105] Reddy M V P R, Prasad P V R D, Chikkamath M, et al. NERSE: Named Entity Recognition in Software Engineering as a Service[C]. Proc. Australian Symposium on Service Research and Innovation, 2019: 65-80.

[106] Lv W Q, Liao Z F, Liu S Z, et al. MEIM: A Multi-Source Software Knowledge Entity Extraction Integration Model [J]. Computers, Materials & Continua, 2021, 66 (1): 1027-1042.

[107] Tabassum J, Maddela M, Xu W, et al. Code and Named Entity Recognition in StackOverflow[C]. Proc. 58th Annual Meeting of the Association for Computational Linguistics, 2020: 4913-4926.

[108] Sun C, Tang M J, Liang L, et al. Software Entity Recognition Method Based on BERT Embedding[C]. Proc. International Conference on Machine Learning for Cyber Security, 2020: 33-47.

[109] Tai N Y, Di Y F, Lee J, et al. Software Entity Recognition with Noise-Robust Learning [C]. Proc. 38th IEEE/ACM International Conference on Automated Software Engineering (ASE), 2023: 484-496.

[110] Zhou C, Li B, Sun X B, et al. Recognizing Software Bug-Specific Named Entity in Software Bug Repository[C]. Proc. 26th Conference on Program Comprehension, 2018: 108-119.

[111] Zhou C, Li B, Sun XB. Recognizing Software Bug-Specific Named Entity in Software Bug Repository[J]. Journal of Systems and Software, 2020, 165: 110572.

[112] Li M Y, Yang Y, Shi L, et al. Automated Extraction of Requirement Entities by Leveraging LSTM-CRF and Transfer Learning[C]. Proc. IEEE International Conference on Software Maintenance and Evolution (ICSME), 2020.

[113] Herwanto G B, Quirchmayr G, Tjoa A M. A Named Entity Recognition Based Approach for Privacy Requirements Engineering[C]. Proc. IEEE 29th International Requirements

Engineering Conference Workshops (REW),2021.

[114] Chiu J P C,Nichols E. Named Entity Recognition with Bidirectional LSTM-CNNs[C]. Proc. Transactions of the Association for Computational Linguistics,Cambridge,MA, 2016: 357-370.

[115] Xu M B,Jiang H,Watcharawittayakul S. A Local Detection Approach for Named Entity Recognition and Mention Detection[C]. Proc. 55th Annual Meeting of the Association for Computational Linguistics (ACL),Vancouver,Canada,2017: 1237-1247.

[116] Hochreiter S,Schmidhuber J. Long Short-term Memory[J]. Neural Computation,1997, 9(8): 1735-1780.

[117] Yao L,Mao C S, Luo Y. Graph Convolutional Networks for Text Classification[C]. Proc. 33rd AAAI Conference on Artificial Intelligence (AAAI),Honolulu,Hawaii,USA, 2019: 7370-7377.

[118] Marcheggiani D,Titov I. Encoding Sentences with Graph Convolutional Networks for Semantic Role Labeling[C]. Proc. Conference on Empirical Methods in Natural Language Processing (EMNLP),Copenhagen,Denmark,2017: 1506-1515.

[119] Guo Z J,Zhang Y,Lu W. Attention Guided Graph Convolutional Networks for Relation Extraction[C]. Proc. 57th Annual Meeting of the Association for Computational Linguistics (ACL),Florence,Italy,2019: 241-251.

[120] Bastings J,Titov I,Aziz W,et al. Graph Convolutional Encoders for Syntax-aware Neural Machine Translation[C]. Proc. Conference on Empirical Methods in Natural Language Processing (EMNLP),Copenhagen,Denmark,2017: 1957-1967.

[121] Nie Y Y,Tian Y H,Wan X,et al. Named Entity Recognition for Social Media Texts with Semantic Augmentation[C]. Proc. Conference on Empirical Methods in Natural Language Processing (EMNLP),Online,2020: 1383-1391.

[122] Chen X,Chen C Y,Zhang D,et al. SEthesaurus: WordNet in Software Engineering[J]. IEEE Transactions on Software Engineering,2019,47(9): 1960-1979.

[123] Tian Y,Lo D,Lawall J. Automated Construction of a Software-Specific Word Similarity Database[C]. Proc. IEEE Conference on Software Maintenance, Reengineering, and Reverse Engineering,Antwerp,Belgium,2014: 44-53.

[124] Vaswani A,Shazeer N,Parmar N, et al. Attention is All You Need[C]. Proc. 31th Conference on Neural Information Processing Systems (NIPS), Long Beach California USA,2017: 6000-6010.

[125] Alsaaran N,Alrabiah M. Arabic Named Entity Recognition: A BERT-BGRU Approach [J]. Computers,Materials & Continua,2021,68(1): 471-485.

[126] McCallum A,Li W. Early results for Named Entity Recognition with Conditional Random Fields,Feature Induction and Web-Enhanced Lexicons[C]. Proc. 7th Conference on Natural Language Learning (NAACL),Edmonton,Canada,2003: 188-191.

[127] Huang Z H,Xu W,Yu K. Bidirectional LSTM-CRF Models for Sequence Tagging[J]. Computer Science,2015.

[128] Zhu J G,Shen B J, Cai X Y, et al. Building A Large-Scale Software Programming Taxonomy From Stackoverflow [C]. Proc. International Conference on Software Engineering and Knowledge Engineering (SEKE),Pittsburgh,PA,USA,2015：391-396.

[129] Guo J P,Luo H,Sun Y. Research on Extracting Named Entities in Software Engineering Field from Wiki Webpage[C]. Proc. International Conference on Consumer Electronics, Yilan,Taiwan,China,2019：1-2.

[130] 李文鹏,王建彬,林泽琦,等. 面向开源软件项目的软件知识图谱构建方法[J]. 计算机科学与探索,2017,11(6)：851-862.

[131] Sun J M,Xing Z C,Chu R, et al. Know-How in Programming Tasks：From Textual Tutorials to Task-Oriented Knowledge Graph[C]. Proc. IEEE International Conference on Software Maintenance and Evolution (ICSME),2019：257-268.

[132] Han Z B,Li X H,Liu H T, et al. DeepWeak：Reasoning Common Software Weaknesses via Knowledge Graph Embedding[C]. Proc. IEEE 25th International Conference on Software Analysis,Evolution and Reengineering (SANER),2018.

[133] Qi P,Sun Y,Luo H, et al. Scratch-DKG：A Framework for Constructing Scratch Domain Knowledge Graph[J]. IEEE Transactions on Emerging Topics in Computing, 2022, 10(1)：170-185.

[134] Chen D S,Li B,Zhou C, et al. Automatically Identifying Bug Entities and Relations for Bug Analysis[C]. Proc. IEEE 1st International Workshop on Intelligent Bug Fixing (IBF),2019.

[135] Li B,Wei Y,Sun X B,et al. Towards the Identification of Bug Entities and Relations in Bug Reports[J]. Automated Software Engineering,2022,29：24.

[136] Liu L. Construction of Programming Knowledge Graph Based on Student Knowledge Needs[C]. Proc. 4th International Conference on Consumer Electronics and Computer Engineering (ICCECE),2024.

[137] Jiao X T,Yu X M,Peng H W, et al. The Design and Implementation of Python Knowledge Graph for Programming Teaching[C]. Proc. International Conference on Artificial Intelligence Security and Privacy,2024：106-121.

[138] Chen Y P,Yang W Z,Wang K, et al. A Neuralized Feature Engineering Method for Entity Relation Extraction[J]. Neural Networks,2021,141：249-260.

[139] Cho K,Merriënboer B,Gulcehre C, et al. Learning Phrase Representations Using RNN Encoder-Decoder for Statistical Machine Translation[C]. Proc. Conference on Empirical Methods in Natural Language Processing (EMNLP),Doha,Qatar,2014：1724-1734.

[140] He Z Q,Chen W L,Li Z H, et al. Syntax-Aware Entity Representations for Neural Relation Extraction[J]. Artificial Intelligence,2019,275：602-617.

[141] Liu C,Zhao X T,Li X,et al. Attention Mechanism Balances Semantic Representation and Syntactic Representation [C]. Proc. 9th International Conference on Computing and Pattern Recognition,Xiamen,China,2020：484-489.

[142] Vashishth S, Joshi R, Prayaga S S, et al. RESIDE：Improving Distantly-Supervised

Neural Relation Extraction Using Side Information[C]. Proc. Conference on Empirical Methods in Natural Language Processing (EMNLP), Brussels, Belgium, 2018: 1257-1266.

[143] Peng H, Gao T Y, Han X, et al. Learning from Context or Names? An Empirical Study on Neural Relation Extraction[C]. Proc. Conference on Empirical Methods in Natural Language Processing (EMNLP), Online, 2020: 3661-3672.

[144] Zhou L, Wang T Y, Qu H, et al. A Weighted GCN with Logical Adjacency Matrix for Relation Extraction [C]. Proc. 24th European Conference on Artificial Intelligence (ECAI), Santiago de Compostela, Spain, 2020: 2314-2321.

[145] Zhang D X, Wang D. Relation Classification via Recurrent Neural Network[J]. arXiv Preprint arXiv: 1508.01006, 2015.

[146] Zhou P, Shi W, Tian J, et al. Attention-Based Bidirectional Long Short-Term Memory Networks for Relation Classification[C]. Proc. 54th Annual Meeting of the Association for Computational Linguistics (ACL), Berlin, Germany, 2016: 207-212.

[147] Nguyen T H, Grishman R. Relation Extraction: Perspective from Convolutional Neural Networks[C]. Proc. 1st Workshop on Vector Space Modeling for Natural Language Processing, Denver, Colorado, 2015: 39-48.

[148] Dixit K, Al-Onaizan Y. Span-Level Model for Relation Extraction[C]. Proc. 57th Annual Meeting of the Association for Computational Linguistics (ACL), Florence, Italy, 2019: 5308-5314.

[149] Luan Y, He L H, Ostendorf M, et al. Multi-Task Identification of Entities, Relations, and Coreference for Scientific Knowledge Graph Construction [C]. Proc. Conference on Empirical Methods in Natural Language Processing (EMNLP), Brussels, Belgium, 2018: 3219-3232.

[150] Luan Y, Wadden D, He L H, et al. A General Framework for Information Extraction Using Dynamic Span Graphs[C]. Proc. Conference of the North American Chapter of the Association for Computational Linguistics: Human Language Technologies, Minneapolis, Minnesota, 2019: 3036-3046.

[151] Wadden D, Wennberg U, Luan Y, et al. Entity, Relation, and Event Extraction with Contextualized Span Representations [C]. Proc. Conference on Empirical Methods in Natural Language Processing (EMNLP), Hong Kong, China, 2019: 5784-5789.

[152] Eberts M, Ulges A. Span-based Joint Entity and Relation Extraction with Transformer Pre-training[C]. Proc. 24th European Conference on Artificial Intelligence, Santiago de Compostela, Spain, 2019: 2006-2013.

[153] Ding K, Liu S S, Zhang Y H, et al. A Knowledge-Enriched and Span-Based Network for Joint Entity and Relation Extraction[J]. Computers, Materials & Continua, 2021, 68(1): 377-389.

[154] Giorgi J, Nitski O, Wang B, et al. DeCLUTR: Deep Contrastive Learning for Unsupervised Textual Representations[C]. Proc. 59th Annual Meeting of the Association

for Computational Linguistics and 11th International Joint Conference on Natural Language Processing (ACL/IJCNLP),2020: 879-895.

[155] Gao T Y, Yao X C, Chen D Q. SimCSE: Simple Contrastive Learning of Sentence Embeddings[C]. Proc. Conference on Empirical Methods in Natural Language Processing (EMNLP),2021: 6894-6910.

[156] Yan Y M,Li R M,Wang S R,et al. ConSERT: A Contrastive Framework for Self-Supervised Sentence Representation Transfer[C]. Proc. 59th Annual Meeting of the Association for Computational Linguistics and the 11th International Joint Conference on Natural Language Processing (ACL/IJCNLP),2021: 5065-5075.

[157] Qin Y J, Lin Y K, Takanobu R, et al. ERICA: Improving Entity and Relation Understanding for Pre-trained Language Models via Contrastive Learning[C]. Proc. 59th Annual Meeting of the Association for Computational Linguistics and the 11th International Joint Conference on Natural Language Processing (ACL/IJCNLP),2021: 3350-3363.

[158] Su P,Peng Y F,Vijay-Shanker K. Improving BERT Model Using Contrastive Learning for Biomedical Relation Extraction[C]. Proc. 20th Workshop on Biomedical Language Processing,2021: 1-10.

[159] Wei J,Zou K. EDA: Easy Data Augmentation Techniques for Boosting Performance on Text Classification Tasks [C]. Proc. Conference on Empirical Methods in Natural Language Processing and the 9th International Joint Conference on Natural Language Processing (EMNLP-IJCNLP),Hong Kong,China,2019: 6382-6388.

[160] Khosla P,Teterwak P,Wang C,et al. Supervised Contrastive Learning[C]. Proc. 34th Conference on Neural Information Processing Systems (NeurIPS), Vancouver, Canada,2020.

[161] Roth D,Yih W. A Linear Programming Formulation for Global Inference in Natural Language Tasks[C]. Proc. 8th Conference on Computational Natural Language Learning (CoNLL),2004: 1-8.

[162] Gurulingappa H,Rajput A M,Roberts A,et al. Development of a Benchmark Corpus to Support the Automatic Extraction of Drug-related Adverse Effects from Medical Case Reports[J]. Journal of Biomedical Informatics,2012,45(5): 885-892.

[163] Bekoulis G,Deleu J,Demeeste T,et al. Adversarial Training for Multi-Context Joint Entity and Relation Extraction[C]. Proc. Conference on Empirical Methods in Natural Language Processing (EMNLP),2018: 2830-2836.

[164] Li F,Zhang M S,Fu G H,et al. A Neural Joint Model for Entity and Relation Extraction from Biomedical Text[J]. BMC Bioinformatics,2017,18(1): 1-11.

[165] Yuan S,Zhang Y,Tang J,et al. Expert Finding in Community Question Answering: A Review[J]. Artificial Intelligence Review,2020,53: 843-874.

[166] Papoutsoglou M,Ampatzoglou A,Mittas N,et al. Extracting Knowledge From On-Line Sources for Software Engineering Labor Market: A Mapping Study[J]. IEEE Access,

2019(7)：157595-157613.

[167]　Zhou J, Cui G Q, Hu S D, et al. Graph Neural Networks：A Review of Methods and Applications[J]. AI Open, 2020, 1：57-81.

[168]　Zhang Z W, Cui P, Zhu W W. Deep Learning on Graphs：A Survey[J]. IEEE Transactions on Knowledge and Data Engineering, 2022, 34(1)：249-270.

[169]　Wang X, He X N, Wang M, et al. Neural Graph Collaborative Filtering[C]. Proc. 42nd International ACM SIGIR Conference on Research and Development in Information, 2019：165-174.

[170]　He X N, Deng K, Wang X, et al. LightGCN：Simplifying and Powering Graph Convolution Network for Recommendation[C]. Proc. 43rd International ACM SIGIR Conference on Research and Development in Information Retrieval, 2020：639-648.

[171]　Wu L, Sun P J, Fu Y J et al. A Neural Influence Diffusion Model for Social Recommendation[C]. Proc. 42nd International ACM SIGIR Conference on Research and Development in Information Retrieval, 2019：235-244.

[172]　Wu L, Li J W, Sun P J, et al. DiffNet＋＋：A Neural Influence and Interest Diffusion Network for Social Recommendation[J]. IEEE Transactions on Knowledge and Data Engineering, 2022, 34(10)：4753-4766.

[173]　Xia X, Yin H Z, Yu J L, et al. Self-Supervised Hypergraph Convolutional Networks for Session-based Recommendation[C]. Proc. 35th AAAI Conference on Artificial Intelligence, 2021：4503-4511.

[174]　Wang H W, Zhang F Z, Zhao M, et al. Multitask Feature Learning for Knowledge Graph Enhanced Recommendation[C]. Proc. World Wide Web Conference, 2019：2000-2010.

[175]　Wang X, Wang D X, Xu C R, et al. Explainable Reasoning over Knowledge Graphs for Recommendation[C]. Proc. 33th AAAI Conference on Artificial Intelligence, 2019：5329-5336.

[176]　Wang H W, Zhang F Z, Wang J L, et al. RippleNet：Propagating User Preferences on The Knowledge Graph for Recommender Systems[C]. Proc. 27th ACM International Conference on Information and Knowledge Management, 2018：417-426.

[177]　Zhang L S, Kang Z, Sun X X, et al. KCRec：Knowledge-aware representation Graph Convolutional Network for Recommendation[J]. Knowledge-Based Systems, 2021, 230：107399.

[178]　Wang H N, Liu N, Zhang Y Y, et al. Deep Reinforcement Learning：A Survey[J]. Frontiers of Information Technology & Electronic Engineering, 2020, 21(12)：1726-1744.

[179]　Lillicrap T P, Hunt J J, Pritzel A, et al. Continuous Control with Deep Reinforcement Learning[J]. Computer Science, 2016, 8(6)：A187.

[180]　He D, Xia Y C, Qin T, et al. Dual Learning for Machine Translation[C]. Proc. 30th International Conference on Neural Information Processing Systems, 2016：820-828.

[181]　Chen L, Lingys J, Chen K, et al. AuTO：Scaling Deep Reinforcement Learning for

Datacenter-Scale Automatic Traffic Optimization[C]. Proc. Conference of the ACM Special Interest Group on Data Communication,2017: 191-205.

[182] Tao S H,Qiu R H,Ping Y,et al. Multi-modal Knowledge-aware Reinforcement Learning Network for Explainable Recommendation [J]. Knowledge-Based Systems, 2021, 227: 107217.

[183] Zhao X Y,Xia L, Zhang L, et al. Deep Reinforcement Learning for Page-Wise Recommendations[C]. Proc. 12th ACM Conference on Recommender Systems,2018: 95-103.

[184] Zheng G J,Zhang F Z, Zheng Z H, et al. DRN: A Deep Reinforcement Learning Framework for News Recommendation[C]. Proc. World Wide Web Conference,2018: 167-176.

[185] Wang Y. A Hybrid Recommendation for Music Based on Reinforcement Learning[C]. Proc. Pacific-Asia Conference on Knowledge Discovery and Data Mining,2020: 91-103.

[186] Xiong W H,Hoang T, Wang W Y. DeepPath: A Reinforcement Learning Method for Knowledge Graph Reasoning[C]. Proc. Conference on Empirical Methods in Natural Language Processing,2017: 546-573.

[187] Ma X B,Li J C,Kochenderfer MJ,et al. Reinforcement Learning for Autonomous Driving with Latent State Inference and Spatial-Temporal Relationships [C]. Proc. IEEE International Conference on Robotics and Automation,2021.

[188] Kaiser M,Roy R S, Weikum G. Reinforcement Learning from Reformulations in Conversational Question Answering over Knowledge Graphs[C]. Proc. 44th International ACM SIGIR Conference on Research and Development in Information Retrieval,2021: 459-469.

[189] Zhou S J,Dai X Y,Chen H K,et al. Interactive Recommender System via Knowledge Graph-enhanced Reinforcement Learning [C]. Proc. 43rd International ACM SIGIR Conference on Research and Development in Information Retrieval,2020: 179-188.

[190] Park S J,Chae D K,Bae H K,et al. Reinforcement Learning over Sentiment-Augmented Knowledge Graphs towards Accurate and Explainable Recommendation[C]. Proc. 15th ACM International Conference on Web Search and Data Mining,2022: 784-793.

[191] Wang X T,Liu K P, Wang D J, et al. Multi-level Recommendation Reasoning over Knowledge Graphs with Reinforcement Learning[C]. Proc. ACM Web Conference,2022: 2098-2108.

[192] Montandon J E,Silva L L,Valente M T. Identifying Experts in Software Libraries And Frameworks Among GitHub users[C]. Proc. 16th International Conference on Mining Software Repositories (MSR),Montreal,Canada,2019: 276-287.

[193] Bayati S. Security Expert Recommender in Software Engineering [C]. Proc. 38th International Conference on Software Engineering Companion, Austin, TX, USA,2016: 719-721.

[194] Huang C R,Yao L N, Wang X Z, et al. Expert as a Service: Software Expert

Recommendation via Knowledge Domain Embeddings in Stack Overflow[C]. Proc. International Conference on Web Services (ICWS), Honolulu, HI, USA, 2017: 317-324.

[195] Huang C R, Yao L N, Wang X Z, et al. Software Expert Discovery via Knowledge Domain Embeddings in A Collaborative Network[J]. Pattern Recognition Letters, 2018, 130: 46-53.

[196] Nobari A D, Gharebagh S S, Neshati M. Skill Translation Models in Expert Finding[C]. Proc. 40th International ACM SIGIR Conference on Research and Development in Information Retrieval, Shinjuku, Tokyo, Japan, 2017: 1057-1060.

[197] Dehghan M, Abin A A. Translations Diversification for Expert Finding: A Novel Clustering-based Approach[J]. ACM Transactions on Knowledge Discovery from Data, 2019, 13(3): 1-20.

[198] Fallahnejad Z, Beigy H. Attention-Based Skill Translation Models for Expert Finding[J]. Expert Systems with Applications, 2022, 193: 116433.

[199] Liu Y, Tang W Z, Liu Z T, et al. High-Quality Domain Expert Finding Method in CQA Based on Multi-Granularity Semantic Analysis and Interest Drift[J]. Information Sciences, 2022, 596: 395-413.

[200] Zahedi M S, Rahgozar M, Zoroofi R A. MATER: Bi-Level Matching-Aggregation Model for Time-Aware Expert Recommendation[J]. Expert Systems with Applications, 2024, 237: 121576.

[201] Shani G, Heckerman D, Brafman R I. An MDP-based Recommender System[J]. Journal of Machine Learning Research, 2005, 6(9): 1265-1295.

[202] Grover A, Leskovec J. Node2vec: Scalable Feature Learning for Networks[C]. Proc. 22nd ACM SIGKDD International Conference on Knowledge Discovery and Data (KDD), San Francisco, CA, USA, 2016: 855-864.

[203] 刘全, 翟建伟, 章宗长, 等. 深度强化学习综述[J]. 计算机学报, 2018, 40(1): 1-27.

[204] Velickovic P, Fedus W, Hamilton W L, et al. Deep Graph Infomax[C]. Proc. 7th International Conference on Learning Representations (ICLR), 2019.

[205] Ekstrand D M, Riedl J T, Konstan J A. Collaborative Filtering Recommender Systems [J]. Foundations and Trends in Human-Computer Interaction, 2011, 4(2): 291-324.

[206] Wang J, Wang Z Y, Zhang D W, et al. Combining Knowledge with Deep Convolutional Neural Networks for Short Text Classification[C]. Proc. 26th International Joint Conference on Artificial Intelligence, 2017: 2915-2921.

[207] Wang X, He X N, Cao Y X, et al. KGAT: Knowledge Graph Attention Network for Recommendation[C]. Proc. 25th ACM SIGKDD International Conference on Knowledge Discovery & Data Mining, 2019: 950-958.